教育部人文社科研究规划基金项目：清代盛京园林的形成与发展研究
项目编号：177YJZH118
辽宁省自然科学基金指导计划项目：清盛京园林景观构成研究
项目编号：201602633

沈阳地区寺庙景观环境研究

张健　汤妍　著

中国建材工业出版社

图书在版编目（CIP）数据

沈阳地区寺庙景观环境研究/张健，汤妍著 . --北京：中国建材工业出版社，2017.11

ISBN 978-7-5160-2096-8

Ⅰ.①沈…　Ⅱ.①张…②汤…　Ⅲ.①寺庙—景观设计—研究—沈阳　Ⅳ.①TU986.2

中国版本图书馆 CIP 数据核字（2017）第 282453 号

内 容 简 介

　　本书以沈阳地区寺庙景观环境构成要素的研究为切入点，主要内容包括绪论、宗教的传入与发展、寺观庙宇的分布情况、多样的宫观与庙堂、寺观庙宇的择址、寺观庙宇的空间布局、建筑景观与道路广场、植物景观的营造、宗教景观小品、景观空间序列、影响因素与景观特征、结语等，附录中还收录了清代盛京寺庙统计表、沈阳地区寺庙统计表、名人吟咏沈阳地区寺庙的诗歌等文献资料，可供读者参考阅读。

　　本书可供从事相关景观环境研究、景观规划与设计、城市设计的各类专业人员阅读，也可作为普通高等院校风景园林、城乡规划、建筑学等相关专业本科生和研究生的参考读物。

沈阳地区寺庙景观环境研究

张健　汤妍　著

出版发行：中国建材工业出版社

地　　址：北京市海淀区三里河路 1 号

邮　　编：100044

经　　销：全国各地新华书店

印　　刷：北京雁林吉兆印刷有限公司

开　　本：787mm×1092mm　1/16

印　　张：7.5

字　　数：180 千字

版　　次：2017 年 11 月第 1 版

印　　次：2017 年 11 月第 1 次

定　　价：**38.00 元**

本社网址：www.jccbs.com　　微信公众号：zgjcgycbs

本书如出现印装质量问题，由我社市场营销部负责调换。联系电话：(010) 88386906

作 者 简 介

张　健

女，汉族，1969 年 1 月出生，副教授。主要研究领域：风景区规划理论与实践、风景园林规划理论与设计、园林历史研究等。多年来在该领域参加"沈阳铁西老工业区改造与更新研究"、"清代盛京园林景观构成研究"、"高句丽中期都城'国内城'城市形态研究"等国家及省市级课题 10 余项，发表"中国古代城市规划的文化特色"、"康乾时期盛京的城市与园林建设"、"浅谈昆曲与中国古典园林"、"清代沈阳地区园林历史研究初探"、"西学东渐下的近代沈阳城市公共绿地之发展演变"等论文 20 余篇，编著出版《中外造园史》、《德国景观设计》、《从规划到建筑》等著作 6 部，获得各级科研、教研奖励和荣誉称号 10 余项。

前　言

　　寺庙作为宗教文化传播的载体，蕴含着弥足珍贵的历史信息。沈阳地区的寺庙丰富了城市形象，延续着城市历史建筑遗产的文脉，继承并体现了多民族文化的特征，也体现了各个历史时期的文化发展、社会生活和建筑艺术。沈阳地区宗教传入时间相对较晚，明清时期才开始逐渐发展起来，清代到达顶峰。目前，对于沈阳地区宗教的研究大多集中在宗教发展史、宗教文化、教理和教义等方面，却很少涉及寺庙分布和景观环境方面。

　　沈阳地区的寺庙经历漫长的发展演变至今，还有部分寺观庙宇尚存，虽然大部分的宗教建筑都经过多次修缮，甚至是重建，但是仍然具有重要的价值和意义。本书旨在通过梳理沈阳地区寺庙发展沿革，分析总结沈阳地区寺庙景观环境的特色，丰富了我国地方寺庙园林研究体系，深刻认识寺庙园林发展的历史内涵，这对传承并发扬宗教历史文化传统、塑造城市特色园林的景观有着重要的现实意义。现阶段，城市化进程不断加快，受经济利益的驱动，很多有丰富历史文化价值的寺庙园林正在经历着环境和时代变化所带来的冲击。寺庙正经历着过度的旅游开发所带来的破坏，寺庙所具有的场所意义也在逐渐淡化，因此保护并合理地开发寺庙景观环境具有重要的历史意义。寺庙的保护不仅体现在寺庙景观环境上，更是对人文情怀的传承。本书尝试通过对沈阳地区寺庙景观环境的研究，分析其历史沿革和影响景观构成的因素，归纳总结出沈阳地区寺庙景观环境的特征及各要素间的空间关系，以便于对该地区包括传统寺庙在内的古建园林提供可以进行保护与利用的研究依据。

　　目前，沈阳地区寺庙园林景观的研究大多集中在宗教教义、纯建筑保护等方面，而对于其景观环境的空间布局、构成要素及特征、各个要素间的关系等内容缺乏全面系统性的研究。近年来，作者通过大量的查阅古籍和文献资料等工作，整理并分析各类宗教、宗教建筑及其环境的概况，同时通过现场踏查、实地勘测、摄影、问卷等多种调研手段，并结合已有的研究成果，对沈阳地区最具有代表性的寺观庙宇及其景观环境进行重点研究。因此，本书将这些研究成果进行归纳总结，对沈阳地区寺庙的起源与发展、宗教背景、历史沿革、种类及分布、空间布局、选址与环境特点、构景元素的特征、寺庙园林的保护与利用等方面进行深入发掘和探讨，希望对沈阳及东北地区的寺庙园林化景观的保护与发展提供有意义的研究探索，并为后续研究提供一定的理论基础。

本书尝试从风景园林学的专业角度出发，以构建景观环境的各个要素为切入点，并分析构成寺庙园林景观环境的各类要素之间的关系，并对沈阳地区现存以及历史上有重要影响力的寺观庙宇的宗教背景、历史沿革、分布情况、环境空间布局、建筑形制、景观环境特征和各种景观构成要素的空间关系、组合方式等进行较为系统和全面的研究，并从风景园林学科的专业角度对已有的相关研究进行梳理与分析，得出相关研究结论，希望为沈阳地区现存寺观庙宇的保护、修建及复原工作等提供相关的参考依据。

本书阐述内容如下：

（1）对清盛京地区寺庙历史发展沿革的研究

沈阳地区的宗教发展起步较晚，在明清时期才逐渐兴盛，清代是寺庙发展的全盛时期。受盛京文化和流人文化的影响，清盛京的文化呈多元化的特征，这也间接影响了寺庙的多元化发展，这一时期的寺庙数量最多，类型也最为丰富。发展到现阶段，由于历史等多方面原因，沈阳地区的寺庙相较于清代无论从种类还是数量上都有不同程度的减少。

（2）对各类宗教的寺观庙宇分布与择址研究

清代寺庙多择址于城市中心或近郊，山地寺庙较少。现代受旅游的带动，山地的风景区内的寺庙逐渐增多。清代寺庙在沈阳地区的分布特征为以皇城为中心呈放射状；现阶段寺庙的分布特征为寺庙在城市中心分布较为集中，并向周边少量扩散。沈阳地区的宗教尤其是藏传佛教更具有政治色彩，统治阶级的喜好直接影响藏传佛教寺庙的兴衰，并且对沈阳的城市建设产生一定影响。

（3）对沈阳地区寺庙景观环境构成特征及影响因素研究

沈阳地区的寺庙景观环境受寒地气候和地域因素影响较为明显，总体呈多元化发展特征。寺庙通过建筑景观、植物景观、道路广场以及宗教景观小品构成寺庙的景观环境，建筑景观、植物景观地域化特征明显，在建筑规制、布局方式和植物种类等方面来说，比关内地区显得简单，但色彩较为丰富，更加注重冬季观景效果，同时也在景观环境的各个构成要素中都体现了宗教氛围。

本书的内容是科研课题《清代盛京园林景观构成研究》的子课题成果，在课题研究过程和本书的写作过程中，得到了许多同事和同学的帮助，在此向我的同事吕海平、马青、朴玉顺、王飒等各位老师，课题组的研究生李萌、李竞翔、杨钰莹、吴倩、孙语鸿等各位同学，对你们所给予的帮助和付出的辛劳表示深深的感谢！

作　者

2017 年 11 月

目　　录

第一章 绪 论

寺观园林作为中国古典园林的三大基本类型之一，实际范围包括寺观内部的人工环境和周围的自然环境。从沈阳地区现存的古建园林来看，寺观园林的现存数量远远超过皇家园林和私家园林的总和。在没有特定公共园林的中国古代社会，寺观园林因其具有公共园林的诸多属性，如开放性、公共性、可观赏性等性质，同时还与普通人的许多社会交往活动息息相关，如朝圣上香、庙会、仪典活动等，而且寺观园林还突破了皇家园林和私家园林在分布上的局限，较其他两者分布更为广泛，因而成为了实际意义上的公共园林。特别是一些位于风景区中的寺观，其园林景观环境和自然景观结合，风景更加优美动人。这些寺观园林自然景观得天独厚，人文景观意蕴丰富，形成了天然风景与人工景观高度融合、宗教气氛与景观环境的有机衔接的特别景观感受。佛寺、道观和庙宇，都是与各种宗教的创立、传入、发展紧密相连的，其园林建筑景观的格式与布局，也经历了一个漫长的发展历程，最终形成如今的格局。

现阶段，我国正处在一个城镇化高速发展的阶段。现实中很多古建园林因高速的城市建设发展而被损毁或拆除，往往也造成了很多遗憾。由于历史的变迁和社会的动荡都给寺观类的古建筑带来了不同程度的破坏，如果不及时对传统的寺观建筑和它所附属的景观环境进行合理的保护，就会使寺观庙宇及其景观环境所代表的古建园林和传统文化遭受破坏。当下的中国正处在文化复兴的时期，传统文化正日益受到广泛的关注，政府对于寺观的保护与利用也在逐步重视并加强，寺观庙宇也成为了展示地域文化品牌和拉动旅游经济的重要方式。一直以来，宗教文化在人类社会的发展中占有举足轻重的地位，其承担着教化信众、抚慰灵魂、引人向善的作用。在当今社会，我国经济、社会、文化迅速发展的大背景下，党和政府大力提倡复建各类宗教寺庙，在相关政策指导下，在社会各界的推动下，以及在宗教组织和旅游经济促使下，有很多大型的宗教园林景观应运而生。但由于现阶段，有些地区和部门对历史文化资源的过度开发和急功近利的开发利用行为，使得寺观园林的保护和建设出现了一些乱象，发展现状和发展前景不容乐观。好在对古建园林和传统文化的保护工作逐渐为各级政府所重视，寺观的修复和复建工作都在不同程度地展开。但同时也应注意到，对传统文化的保护和利用工作，包括寺观类型古建园林的保护与修复工作，依然任重而道远。

目前，学术界越来越重视对于传统园林的史论研究，它使人们对于中国传统园林有更全面的认识，同时也为今后的研究奠定了坚实的基础。随着对于传统园林研究的不断深

入，也逐步开始了对专题性、地方性园林的研究。地方性园林的研究已经成为重要的学术研究方向并取得了一定的成果，诸如《苏州古典园林色彩体系的研究》、《明清江南宅园兴造艺术研究》、《上海传统园林研究》等。这些研究针对不同地域的园林类型或造园艺术及风格进行深入探讨，同时也提升了人们对地域性园林认识的高度。除了园林的共性之外，更应该关注其变化性、典型性和多样性，园林的地域文化特色使得其园林文化及特征内涵更加丰富。

沈阳地区不仅是东北地区政治、经济中心，也是各民族文化交汇融合之地，具有汉、满、蒙等多民族特色，反映出特定的地域文化和民族风情。"沈阳作为清王朝的陪都，城市建设也得以迅速发展，呈现出丰富多彩的社会文化，其中以清盛京文化为主，通过各种类型的寺庙形式所呈现的宗教文化也是其中的重要组成部分。各类寺庙的兴建与变迁成为城市建设与城市文化的标志。寺庙园林景观的发展在一定程度上反映了当时社会的生活文化特点，同时也造就了沈阳地区独特的城市风貌。"[1] 沈阳地区的寺院建筑，色彩纷呈，丰富多姿，既有中原建筑持征，又具东北地方色彩，满、汉、蒙、藏、回的特色各显千秋，充分体现了这个多民族地区的文化持色。

截至目前，对于沈阳地区的寺庙园林的研究相对薄弱、不成系统、缺少深度，已有的研究内容和成果，更多地是对寺庙建筑及宗教文化的探讨与研究，几乎没有涉及园林景观层面的，着实令人遗憾。盛京文化融合了汉、满、蒙、回等多民族特点，寺庙园林艺术风格南北融合，建筑形制多样，具有很好的研究价值。但是目前对于寺庙园林景观环境的建设与保护不够到位，而且大多开发过度，盛京的寺庙园林景观逐渐失去了其特有的地域性、民族性和文化性等特点。因此，对代表盛京文化的沈阳地区寺观园林的研究意义重大，且在时间上相当的紧迫。

一、以沈阳所辖地区为主要的研究范围

本书涉及的地域是沈阳（清盛京）地区，这里作为清王朝的发祥地，有着深厚的历史积淀和文化内涵，这些特殊的历史原因促使了该地区的城市建设与宗教的发展，以及各种宗教庙宇的出现与普及。本书的研究范围主要是沈阳地区（图 1-1），即目前沈阳的行政区域范围。沈阳地区是指以盛京古城为中心，包括现在的沈阳市区和周边的一市三县的行政区域范围。在漫长的历史变迁过程中，沈阳有过很多称谓，如玄菟郡、沈洲、盛京、奉天等，所辖区域也是在不同的历史时期而各不相同。本书研究重点为清后期至当代，因此主要涉及历史上的盛京、奉天这两个行政称谓。

1　张健，李萌，汤妍. 清代盛京的寺庙园林与地域文化探析［J］. 沈阳建筑大学学报（社会科学版），2016.

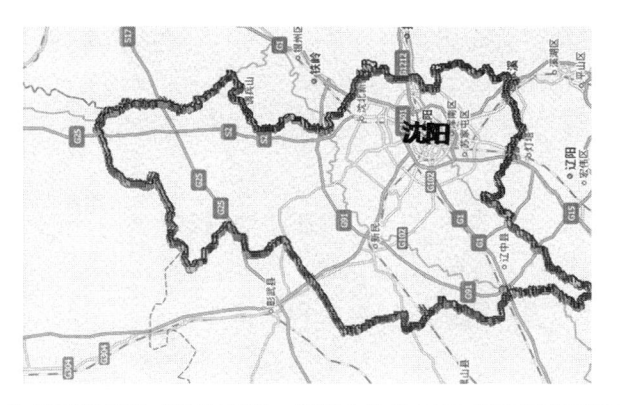

图 1-1　本书研究范围（图片来源：作者改绘自 2016 年沈阳市行政区划图）

二、以寺观园林景观为研究目标

本书选择了从地域性的角度研究传统园林中的一个分类——寺观园林，目的在于通过研究其寺观布局、景观要素、形象特点、历史沿革等内容，深入发掘盛京地区寺观园林的文化底蕴和地域文化特点，了解掌握其形成和发展的一般规律和特点，总结出盛京寺观园林的文化与景观特征。

本次研究运用动态的方法，关注地域性文化景观和自然景观。概括来说地域性是指特定区域范围内的自然景观和文化景观，其中自然景观包括了由于人类生产、生活对自然改造形成的大地景观；人文景观是指因历史原因形成的且与人的社会性活动有关的景物构成的风景画面，其具体包括建筑、摩崖石刻、神话传说、人文掌故、文物与艺术、民间习俗和其他观光活动等。这些景观是各个时期园林风格形成的重要因素，也是特定地域性文化景观特征的来源。

三、国内相关研究理论与成果综述

在中国众多的古代历史文献记载中，对于各类寺观的起源、发展演变以及寺观的建筑概况等都有较为详实的记载，这些史料为后世修建和复建寺观提供了十分重要的依据，这也使得寺观景观环境及其场所精神在几千年的历史变迁中得以传承和延续。北魏时期的杨衒之所著的《洛阳伽蓝记》，详细描述了当时洛阳寺庙园林的选址、建筑和外部环境，从中可以了解到中国寺观园林早期的规制；清代唐震钧的《天禹闻》记载了北方地区的寺观的状况、发展变化和建筑及环境等方面的基本情况。

在寺庙建筑研究方面，王世仁所著的《理性与浪漫的交织：中国建筑美学论文集》中，详细论述了寺庙的殿宇、厅堂、楼阁、佛塔、大门等建筑物的设计、选材、构造、技术等方面；关于寺庙园林部分的建筑史著作主要存《中国建筑史》《中国建筑艺术史》等，

从设计手法和建筑美学角度对寺庙建筑进行了研究；《中国园林建筑艺术所表现的美学思想》一书中从美学角度对寺观庙宇等建筑进行详细论述。周维权的《中国古典园林史》和张家骥的《中国造园论》中，将寺观园林作为中国古典园林的一个分支，阐述了寺观园林的产生和发展演变。

在寺庙景观环境方面，赵光辉的《中国寺庙的园林环境》一书从风景园林专业的角度，总结和分析了寺庙园林环境的类型、选址、空间布局、构景和环境的处理等问题，探索出寺观园林建筑和环境园林化的一些途径和规律以及处理建筑与自然环境的某些历史经验。

从上面的文献综述可以看出，近现代的相关研究，大多是一些专家学者从历史、美学、建筑、风景园林、旅游等方面开展的对寺观建筑及宗教文化的研究，但内容和成果更多的是在历史、美学、建筑学方面，很少有从风景园林学科专业的角度进行的研究。近年的一些研究开始打破这一局面，在一些期刊论文和学位论文中，很多学者从各个学科角度对寺庙景观环境有着不同程度的研究，其中涵盖了人文、地理、植物学、生态学、园林学等多个学科，对于寺观园林景观中的植物种类、布局形式、地方文化等多方面进行了深入研究。

北京林业大学的刘媛在《浅谈中国寺庙园林》中指出，中国古典园林是我国古建筑与园艺的综合艺术，其中寺庙园林占有重要的地位，并从寺庙园林的历史文化背景、寺庙园林的布局形式和植物造景等方面分析寺观园林的特点。

袁玲丽、邹伟民于2013年在中国风景园林学年会上发表的《浅析巴渝寺庙园林环境的特色》中指出了巴渝寺庙园林浓郁的地域性特征，并根据巴渝地区现存的寺庙园林，提出其"因形就势"的寺庙园林选址、"自然为法"的空间布局、质朴简洁的园林建筑形态、疏朗自然的园林造景特色，总结了"巧于因借，古拙清旷"的造园风格。

胡新月、刘亚、庄雪影在其发表的《广州佛教四大丛林园林植物及其特色》一文中，通过查阅文献资料以及实地调研，探讨了广州寺庙园林植物特色及其与岭南地区文化、中国传统文化、汉地佛教文化的关系。

一些研究生学位论文中，也从各个角度对寺庙园林有着不同程度的研究。其中以北京林业大学对于寺庙环境方面的研究最早、最深入，其研究包含了全国大部分地区的寺庙景观环境，也包含了对特定区域内的某类宗教的专门性研究。

北京林业大学的博士研究生陈连波在其2011年发表的《北京道教宫观环境景观研究》论文中，对北京地区现存较为重要的道教宫观的历史沿革、现状、分布情况、空间类型、建筑形制、宫观园林等进行了较为系统的研究。对北京地区的道教宫观的保护和利用的现状、成就、不足等进行总结，提出相应的建议，以此作为对前人研究的重要补充，为北京地区道教宫观的保护、修缮、复建等提供相关的参考依据。

北京林业大学的李玲在其2012年的博士学位论文《中国汉传佛教山地寺庙的环境研究》中，对中国佛教寺庙的发展简史、类型、分布现状进行梳理和归纳，阐述佛教寺庙文化历史地位和现代意义，从风景园林专业的角度，研究了山地寺庙与外部环境的关系，并调查研究寺庙周边的村落、林地、地形、水源和香道对寺庙布局和僧侣生活的影响。对中国佛教寺庙的择址、环境空间布局、庭院植物配置和建筑小品等做了系统性的研究。

北京林业大学的李欣韵在其 2014 年的博士学位论文《成都代表性道教宫观环境研究初探》中，探究了成都道教宫观的起源与发展、历史沿革、空间分布、选址特点、空间布局、建筑形制、建筑装饰特色和园林景观特点。并从历史文化遗产角度分析，成都道教宫观承载了人类生态智慧及道教哲学思想，在人类发展及生存过程中起到的不可低估的引导作用。

北京林业大学的李慧在其 2014 年发表的博士学位论文《武当山道教宫观环境空间研究》中以武当山道教宫观为研究对象，运用 GIS 方法，对武当山宫观与环境的关系及宫观院落空间进行定性和定量的研究，为当代景观设计提供了丰富的空间原型与组织技巧。

在沈阳地区寺庙的研究方面，主要有《辽宁寺庙塔窟》和《沈阳都市的历史建筑汇录》这两本相对权威的书籍，其中这两本书籍分别从历史和建筑的角度主要介绍了沈阳地区寺庙的发展演变和基本概况。王建学在《辽宁寺庙塔窟》一书中，详细介绍了辽宁省内有历史可查的 266 座寺、庙、塔、窟，述及它们的始建年代、历史沿革、规模布局、建筑风格、景点特色等。沈阳建筑大学的陈伯超教授的《沈阳都市的历史建筑汇录》中以建筑专业的视角，详细介绍了沈阳市区内的寺庙，其中包括慈恩寺、般若寺、大佛寺、实胜寺等寺庙的始建重修年代、发展演变、规模布局、建筑风格、景观特色等。这些十分重要的传统寺庙文字记载资料为笔者对沈阳地区寺庙的景观环境的研究提供了史料方面的支持与帮助。不过从上述内容可以看到，对于沈阳地区寺观景观环境的研究，大多集中在宗教历史以及寺庙建筑等方面，缺少从风景园林学科专业角度的关于沈阳地区寺观园林景观方面的深入研究。

四、与寺观园林相关的概念介绍

1. 寺

原指古代官署。东汉时期，高僧从天竺携佛教经像来到洛阳，住在接待外宾的官署后改建后称为"白马寺"，成为最早的寺。后世相沿以"寺"为佛教建筑的通称。

2. 庙

形制严肃整齐，是中国古代的祭祀建筑，可分为祭祀祖先、奉祀圣贤和祭祀山神三种类型的建筑。

3. 寺庙

为"寺"和"庙"的结合体，原特指佛教进行宗教活动的处所，后泛指供奉神祇或历史人物的处所，这里包括宗教建筑和礼制建筑，详细又分为佛寺、道观、清真寺以及名人宗祠等。

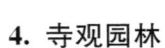

4. 寺观园林

多指山地寺庙，一般建在山上，寺庙倚仗山势，自然环境成为寺庙的景观环境。寺庙的形式、布局等特征都要密切结合寺庙外部环境来考虑，力求合情合理。寺庙隐于山林之中，寺庙建筑成为"自然"的建筑，这也使得山地寺庙成为佛教寺庙的一个显著特征。

5. 寺庙景观环境

本书所指的寺庙景观环境，包括佛寺、道观等宗教建筑所附属的庭园、园林和风景点，宗祠、名人祠庙等传统纪念性建筑，因其功能、格局等带有宗教建筑色彩，这些建筑所属的庭园、园林和风景点，在本书里也纳入寺庙景观环境的范畴。

总地来说，本书中关注的研究对象为沈阳地区历史上存在过有重要意义的寺庙以及现存的具有一定代表性和影响力的寺庙，其中主要为沈阳地区现存的有历史记载的寺庙，其他寺庙则作为辅助研究对象。笔者通过对历史文献资料进行查阅、汇总和梳理，既了解到很多珍贵的资料和信息，同时也通过调研踏勘和现场测绘等工作，发现很多在沈阳历史上有过重要影响的寺观庙宇或已遭到废弃，或者遗址尚存但建筑却破败不堪，还有建筑或庙址因种种原因被占用或挪作他用的情况，这些都给本次研究工作造成了较大障碍。故此，本书将下述的沈阳地区现存且具有代表性的寺庙最终确定作为重点研究对象，分别为：慈恩寺、长安寺、般若寺、大佛寺、朝阳寺、向阳寺、实胜寺、北塔法轮寺、太清宫、蓬瀛宫、清真南寺。主要是考虑到上述寺庙代表了沈阳地区的不同宗教类别，而且各具鲜明特色，在沈阳地区具有极高的文化、历史、社会和艺术价值。

第二章　宗教的传入与发展

寺庙作为宗教文化最直接的载体，是我们了解宗教文化的重要方式，也是探究沈阳地区地域园林景观及文化的重要途径。

一、沈阳地区宗教的发展演变

沈阳地区的宗教类别丰富，其中既包括世界上三大宗教的佛教、基督教、伊斯兰教，也有中国本土的道教和萨满教等。基于宗教文化、精神信仰、社会心态和地域特色、本土植物等诸多因素影响下的盛京寺观庙宇，形成了别具一格的东北地区寺庙景观环境。一般说来，最为常见的和分布最广的寺观建筑多属于佛教和道教，因而盛京的佛寺和道观的园林化景观环境可以说代表着东北地区寺观园林的典型特征。从沈阳地区各个宗教类别的产生与发展历程中，可以看出盛京寺观园林地域化特点形成的来源和基础。

1. 佛教

佛教在中国的文化史和思想史上都产生了深刻的影响，佛教的寺庙建筑及其景观环境是我们了解佛教文化的一种重要途径。沈阳地区的佛教包括汉传佛教和藏传佛教两种，其中汉传佛教最早在魏晋时期传入辽东，即现在的沈阳地区，藏传佛教则是在清朝初建定都盛京后逐渐发展起来的。

佛教最早在辽宁地区的传播可以追溯到东汉时期，受中原文化影响，佛教经由朝阳、锦州、阜新等地逐渐传入当时的玄菟郡，即现在的沈阳地区。由于佛教传入较早的地区为锦州、朝阳地区，故这些地区寺庙较多，因此清朝以前辽宁地区寺院建筑的分布特点呈现出"西多东少"的情况。清朝立国以后，出于笼络蒙古部族势力的需要，清政府大力推崇俗称"喇嘛教"的藏传佛教，寺院建设呈现出"北多南少"之势，位于蒙汉交界处的阜新和陪都盛京（沈阳）成为了藏传佛教寺院的集中区域。

藏传佛教进入东北地区的时间较晚，是继汉传佛教和道教之后传入的，是自女真后金在东北崛起后传入并在统治者的大力推崇下发展起来的，清太祖在统一东北的过程中通过武力征服的同时也通过怀柔政策拉拢东北地区的各个民族。为了拉拢和安抚蒙古等少数民族，扩大自己的统治势力范围，努尔哈赤在其统治期间，推崇喇嘛教，并将其确定为清朝的国教，新建了盛京实胜寺、朝阳佑顺寺、阜新瑞应寺等一大批喇嘛教建筑。清崇德元年（1636 年），在盛京外攘门外二里修建了东北地区最大的喇嘛教寺庙——实胜寺。崇德八年又开始逐步修建盛京城周围的四塔四寺，分别为东塔永光寺、南塔广慈寺、西塔延寿寺、北塔法轮寺。四塔四寺的形式基本相同,四塔是藏式喇嘛塔,高度均为33米,四寺的格局都是坐北朝南。截至清朝末年,沈阳地区约有喇嘛庙十二座,虽然数量有限,但是地位却明显高于其他宗教。沈阳地区现存的藏传佛教寺庙主要有实胜寺、法轮寺、太平寺等。

纵观汉传佛教在沈阳地区的发展历程,其发展历史最为悠久、影响也最为深远。汉传佛教与其他宗教相比较,传入的时间最早,魏晋时期就已经传入辽东,唐代在沈阳地区开始广为传播,并建造了长安寺等寺庙。后金天聪二年(1628年),在盛京德盛门(俗称大南门)外修建了慈恩寺,这座寺院也是清代修建的规模最大的汉传佛教寺院。汉传佛教进入清代之后,在沈阳地区得到了长足发展,寺院建设达到了一个鼎盛时期,当年的盛京城有大小汉传佛教寺庙近几十座,其中绝大部分为清初到清中期所建(图2-1)。与喇嘛教寺庙建设的情况不同,因清代统治者视喇嘛教为国教,因此藏传佛教的寺庙多由统治阶级兴建,而沈阳地区汉传佛教是在民间发展起来的,因而汉传佛教寺院多是由民间力量兴建而成。

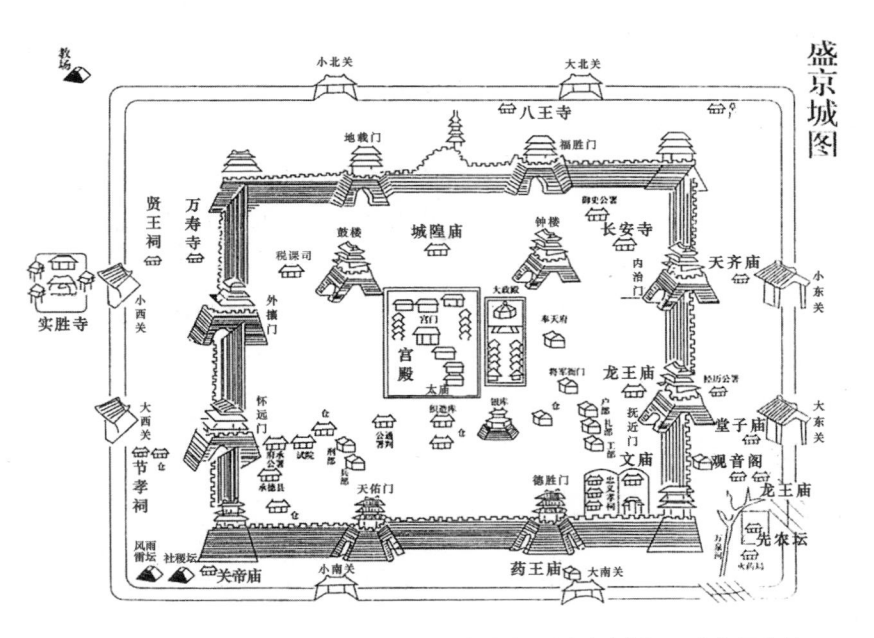

图 2-1　盛京城阙图中清盛京皇城内寺庙分布(图片来源:《盛京通志》)

清代,由于清统治者出于怀柔蒙古和其他部族的策略,不仅把藏传佛教——喇嘛教提到了特殊的地位,对其他宗教也十分的宽容。自此,以陪都盛京为中心,各类寺观庙堂遍布东北各地,从而使辽宁地区的宗教建筑的建设情况继辽金之后再次兴盛,这也是现存的寺观庙宇建筑大多数为清代时期建设的原因。辽宁地区的寺观建筑,既有中原地区汉族建筑特征,又具东北地方色彩,满、汉、蒙、藏风格各显千秋,充分体现了沈阳这个多民族地区的地域文化持色[1]。

1　张健,李萌,汤妍. 清代盛京的寺庙园林与地域文化探析 [J]. 沈阳建筑大学学报(社会科学版),2016.

2. 道教

沈阳地区的道教与本地区佛教的发展历程相比较，历史上没有成为过主导地位的宗教教派。元朝时期，道教因受到统治者的推崇而盛行于各地。据史料记载，沈阳地区最早建立的道教宫观且现有遗址可循的是元至正十二年（1352 年）建设的城隍庙。到了明代，又相继建了景佑宫、关岳庙、斗姆宫等观宇。清代，沈阳地区的道教宫观约有一百三十处，其中最为著名的宫观有太清宫、天后宫、关岳庙、斗姆宫等。但目前，沈阳地区现存的道观数量已大大减少，只有太清宫、蓬瀛宫（坤道院，其前身为关岳庙）、碧霞宫等几所了。

道教宫观是道教神圣的建筑空间，是供奉道教神灵、信徒举行礼拜、进行祭祀活动以及道士集体修道活动的专用场所[1]。道教的宫观建筑按等级次序依次分为宫、观、庙等，其中宫是规模最大的道观，为皇帝所敕建，规模等同于宫殿，是道教宗教活动的主要场所，庙和寺是规模略小的道观，庵是规模最小的道观。宫、观常作为道教庙宇的总称，是道教文化重要的载体[2]。道教宫观建筑名称的不同反映了道教在各个历史时期发展变革的轨迹，反映出道教建筑在观念和等级上的差别。

3. 伊斯兰教

伊斯兰教在我国又称之为"回教"、"清真教"，大约在宋辽时期传入我国东北地区。沈阳地区关于回族居民的资料，最早的记载是在沈阳的城隍庙碑上，该碑的功德官员题名记中有"本庙营造……东至回回五哥院墙"的记载，说明沈阳在这一时期已经有回民居住。明末清初年间，河北、山东两地的回民逐渐迁徙到沈阳地区，伴随着回民的迁入，伊斯兰教也传入了沈阳地区。在盛京城小西门外，逐渐形成了回民的聚居地区，同时，清真寺作为一种新的宗教建筑形式开始在东北地区出现了。清康熙元年（1662 年），军功显赫的铁氏先祖，将军铁魁在小西门外的回民聚居区出资修建了盛京城内第一座清真寺，后被称作南清真寺。清乾隆五十年（1785 年）、嘉庆八年（1803 年）先后又修建了北清真寺和东清真寺。随着回民人口的不断增多，沈阳城乡又出现了十多座清真寺。随着信奉伊斯兰教的回族民众的增多，沈阳城乡地区又陆续修建了十余座规模较小的清真寺，并于 1921 年成立奉天清真教会。至 1948 年沈阳解放时，沈阳地区共有清真寺 27 座[3]。

沈阳地区现存的清真寺主要有：沈阳南清真寺、东清真寺，辽中清真寺、新民清真寺、法库清真寺等。辽宁地区的清真寺建筑延续了清代的建筑风格，是具有中国特色的寺庙建筑型制（图 2-2）。

1 胡锐. 道教宫观文化概论（清）［M］. 成都：巴蜀书社，2008.
2 朱越利. 中国道教宫观文化［M］. 北京：宗教文化出版社，1996.
3 沈阳市人民政府地方志编纂办公室. 沈阳市志第十六卷 社区·人民生活·民政·少数民族·宗教·风俗·方言［M］. 沈阳：沈阳出版社，1994.

图 2-2　沈阳的清真南寺庭院和邦克楼

4. 萨满教

东北地区的萨满教是一种古老、有影响力的原始民间宗教形态，是东北诸民族民间文化和民俗形态的源头[1]。它影响着东北文学和民间艺术，同时对东北民众的生活产生了决定性影响。萨满文化以隐秘的方式渗透到社会生活中，影响着人们的日常生活和艺术审美等方面的选择。萨满教包含着众多的神话，其中有些神话具有浓郁的图腾意味，以神话来形象地表达宗教心理和观念，这些神话直接体现了东北各族人民生产生活中的实践经验，反映了他们与自然之间对立统一的复杂感情，以及对理想世界的种种美妙的幻想和追求，以及作为古老的民风民俗延续在每代东北人的生活习惯中。沈阳地区的萨满教建筑的典型代表是堂子庙。

5. 基督教

原始基督教有三大派别，分别是天主教和基督教以及后来的东正教。天主教是在清康熙三十五年（1696 年）传入辽沈地区，于清光绪四年（1878 年），兴建了沈阳历史上出现最早的天主教堂，即沈阳南关天主教堂。"19 世纪是基督教在世界上传播的盛极时期，也是大规模传入我国的年代。沈阳市的基督教就是在 19 世纪 70 年代传入的。"[2] 同治十一年（1872 年），英国苏格兰基督教长老会宣教士受遣到沈阳传教步道，成立东关基督教长老会，这是基督教传入沈阳的开始。总体来说，沈阳的基督教会主要是属于英、美两国的教会。目前，沈阳现存的天主教和基督教的遗存建筑有小南天主教堂、东关基督教会大礼拜堂以及北市教会教堂和西塔教堂等。

1　阎秋红 . 萨满与东北民间文化［J］. 满族研究，2004.

2　中国人民政治协商会议沈阳市沈河区委员会文史资料研究委员会 . 沈河文史资料第 3 辑寺庙专辑［M］. 1992.

二、宗教对沈阳城市建设的影响

宗教往往作为历史上统治阶级宣传政治思想的工具，如清代统治者为了巩固自身在蒙、藏的地位，积极宣传藏传佛教，进而在思想上统治各族人民。在某种程度上，宗教在促进少数民族与内地联系以及维护民族团结、巩固国家统一中发挥了积极的作用，这是其政治影响积极面。但是历史上一些朝代过分推崇宗教，也会使其逐步走向另一极端。佛教传播带来各民族之间的交流，同时也给国家的财政带来巨大负担。对统治者而言，积极支持宗教的发展具体到每一项措施都是一笔不小的开支，如寺院的修护、佛事活动的开展、僧众的赏赐等，都给当时的经济带来很大影响。伴随着宗教传入沈阳地区，宗教文化在这里得到了不断的传播，使得汉族儒释道文化与宗教文化进行了深入交流。清之后沈阳地区重视藏传佛家的传播，这也使得藏文化部分精华内容融进地域文化之中，对沈阳地区的文化产生了重大影响。中国传统文化与外来宗教文化融为一体，促进了文化间的相互交融。一些宗教庙宇会定期举办庙会，如喇嘛教在每年的正月初七到正月十五都会在黄寺举行庙会，也叫跳跶送鬼庙会。跳跶，是喇嘛教驱鬼酬神和祈求国泰民安的一种宗教舞蹈。其他寺庙也会按照宗教传统定期举办庙会，并且也会根据实际需要增加助学法会等符合现阶段实际情况的新的庙会形式。

清前期，皇太极对盛京城进行了大规模的改造，形成皇城居中、八座城门、井字形道路的城市基本格局。"清政府迁居北京后，又修建了城外的四塔四寺。后康熙时期又在原盛京城方形城池外面加注一层圆形边墙，形成了"内方外圆、四塔相护"的城市格局。"[1]盛京城独特的城市形态被称为曼陀罗城，在佛教经典中，旧译为"坛"或"道场"。"早期是古代印度教僧徒修法时为了防止魔障侵入，在修法之处，画以方形或圆形的图案，或建以土坛，称之为专事修炼的神圣场地，佛密即称这一方之地为曼陀罗。曼陀罗的本意是指一个经过特定限定的具有象征性内涵的空间场所，其在藏传佛教的应用中应用于壁画、摩卡和寺庙建筑的形式表现中。"[2] 在喇嘛教绘制的曼陀罗坛城中，多为外圆内方的结构，即坛城的中心是本尊，其周围是诸佛。在盛京城中，方城四方各有一塔（图2-3），这样的形式与曼陀罗的图形十分相似（图2-4）。

在清朝统治时期，喇嘛教受到极大的推崇，一大批蒙藏地区的喇嘛来到沈阳，其中不乏很多对建筑、壁画、佛像等艺术十分精通的大师。清初修建的四塔四寺和实胜寺都有他们参与设计和建造，他们将藏式做法和艺术装饰应用到寺庙的建筑与装饰中，同时也对盛京城的其他建筑的营造有着重要影响。例如在盛京皇宫的建筑上，其中木构架和装饰艺术除了采用传统的满汉工艺外，藏式做法也随处可见。比如大清门和崇政殿檐柱柱头上的构

1　刘振超. 盛京胜景［M］. 沈阳：沈阳出版社，2008.
2　弘学. 藏传佛教［M］. 成都：四川人民出版社，2006.

件，是藏式建筑木结构的典型做法；大政殿内顶棚用梵文吊饰，属于藏式建筑装饰的特点。

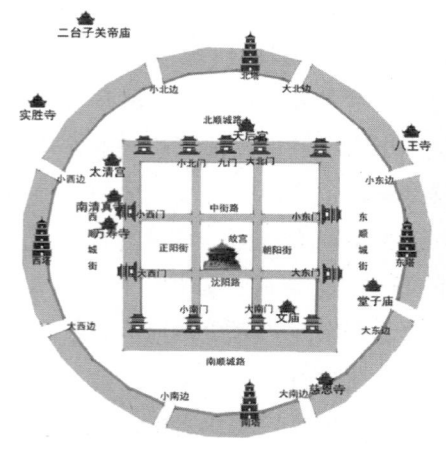 

图2-3　清盛京城市意向图　　　　　　　图2-4　佛教曼陀罗图式

三、体现在沈阳地名上的寺庙历史

历史上存在过的众多寺庙都对沈阳地区地名的形成产生过巨大影响，许多街道名称都来源于附近的寺庙，甚至直接用寺庙名称命名。这些地名中涉及的寺观庙宇大多数已经不存在，但曾经的历史通过地名的方式保留下来，并成为沈阳地名文化的重要组成部分。

在沈阳老城区中，有很多用宫、观、寺、庙、堂、坛来命名的街道民巷。尽管这些寺庙大多已经不复存在，但以它们命名的地名却一直流传下来。很多街道由小胡同变成了城市干道，如万寿寺胡同（万寿寺街）、天后宫胡同（天后宫路）、风雨坛胡同（风雨坛街），还有很多依旧是小街巷，如瑶池宫胡同（瑶池巷）、白衣庵胡同（白衣庵巷），还有如财神庙胡同、老虎庙胡同（老虎庙巷）、火神庙胡同（火神庙巷）等。

在沈阳老城内四平街（现沈阳中街）路北，曾有条城隍庙胡同。城隍庙始建于元代至正十二年，明代曾三次修缮，清代重建，后被完全毁坏。但《沈阳路城隍庙碑记》石碑得以留存，目前妥善保存在沈阳故宫博物院内。沈阳斗姆宫始建于明代永乐七年，清代扩建并成为太清宫的下院，尽管现在斗姆宫建筑早已荡然无存，但斗姆宫胡同（斗姆宫巷）的名称却一直沿用至今。山东庙即山东会馆，清代道光十三年由山东商人修建，如今山东庙早已了无踪迹，但仍留下山东庙胡同这一称谓。还有以"坛"命名的胡同与街路，如风雨坛街因清代风雨坛在此而得名；社稷坛巷则因巷内曾有社稷坛遗址而得名。沈阳城内的很多寺庙遭到毁损，但以它们的名字附着在胡同（巷）、街路之上，是另一种方式的精神传承，因此寺庙地名文化构成了城市文化的一部分，研究这些对于深入了解沈阳地区的寺庙园林景观以及其发展演变具有重要价值和意义。

从上述沈阳地区的宗教历史背景、演变历程以及各类寺观庙宇的建设与保存情况来看，其中在沈阳地区分布最广的是佛教和道教两种宗教，其景观环境的地域文化特征也最具代表性。其中，佛教最早于唐代已在沈阳地区广为传播，道教稍晚，在元代开始在本地流行，而佛寺与道观的建设在明清时期逐渐变得兴盛起来。在这一千多年的发展历程中，各类寺庙建筑逐渐与地域环境、民族风俗、地方建筑相互融合，形成了具有强烈地域特征的寺观园林化景观环境，并体现出沈阳地区文化的包容性和延续性，并对沈阳地区的地名文化和景观风貌产生了深远的影响。

第三章　寺观庙宇的分布情况

清代，盛京作为一个千年古城历经沧桑，已逐渐发展和演变为中国东北地区的重要城市[1]。清朝在此建都后，改称明沈阳中卫城为盛京，并进行了大规模的城市建设。清初时期，以汉文化为主体的多民族文化在一定程度上影响了盛京寺观庙宇的建设与发展，其中清皇家对于喇嘛教的推崇和代表中原汉文化的"流人文化"的浸润，对盛京寺庙景观和文化特征的形成影响最为巨大。盛京地区的寺庙建设和发展历程与中原地区的寺庙相比，历史相对短暂，但由于清代盛京作为陪都以及地区中心城市的地位，随着城市经济不断地扩张和发展，加之皇家因政治的需要对宗教的扶持，普通民众精神生活的需要，以及这个地区对各种宗教文化相对包容的环境氛围，为各种宗教的存在及其寺庙的建设提供了良好的条件。盛京地区多样的宗教类型使得寺庙环境也呈现出丰富多彩的景观形象，形成了独特的寺庙景观风貌。

一、清盛京地区寺庙的分布情况

在中国，以佛寺和道观为代表的宗教建筑主要的选址地点有：城市中心、城市近郊、风景优美的山岳等地，从区域大环境来看，盛京地区的寺观庙宇也有类似的选址特点和空间分布特征。

通过查阅《盛京通志》、《奉天通志》等相关古籍资料和《盛京寺庙观堂》等有关记载沈阳地区寺庙资料的书籍，可以整理和分析出有关沈阳地区清代的寺庙建设及分布情况。

截止清末，盛京（沈阳）有汉传佛教寺庙近60座，藏传佛教寺庙12座，道观近130处，清真寺10余座。1916年沈阳市有佛教寺庙71处（其中僧尼寺庙54处，喇嘛庙13处）。沈阳解放后，全市共有佛教寺庙62座。1951年11月，佛教协会向政府登记时有寺庙48座（其中僧庙16座，尼庙24座，喇嘛庙8座）。1957年4月，佛教寺庙有61座。文革时期，寺庙建筑多数被占用，宗教活动被迫停止。文革后，由政府拨款维修、恢复、重建了很多著名寺庙，并对其周边环境进行了整治改造，在一定程度上重现了盛京古寺庙的风貌。其中很多寺庙曾经对盛京地区的景观风貌、民俗文化、社会生活产生过非常重要的影响。

由于远离中原腹地，历史上的沈阳地区相对中原其他地区，各类宗教传入的时间都比

1　陈伯超．地域性融合文化对盛京城空间格局的影响［J］．城市建筑，2006（08）．

较晚，但传入之后发展得较快。沈阳地区最早传入的宗教为汉传佛教，经由中原地区传入盛京，然后按传入顺序依次是道教、藏传佛教、清真教。盛京古城与其他中国古代城市一样，在古城内外也建有很多寺庙（图3-1），而且其中具有一定规模和经常进行宗教活动的寺观有百座以上。这其中，少量寺庙建于公元12～16世纪的辽、金、元、明时期，而绝大多数是在清朝定都沈阳后建立的。

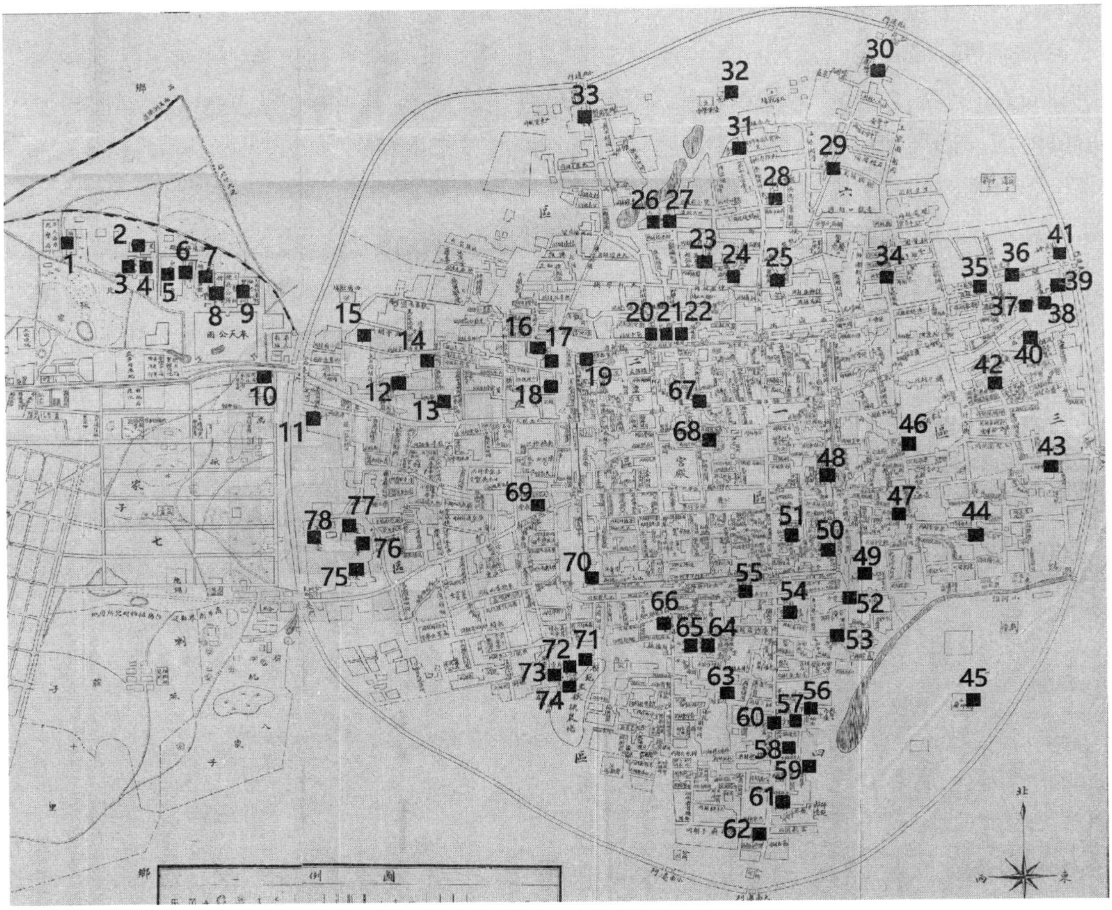

图 3-1 清盛京城内寺庙分布图

01. 关帝庙　02. 实胜寺　03. 太平寺　04. 关帝庙　05. 皇寺　06. 积善寺　07. 善行寺　08. 僧王祠
09. 依忠祠　10. 关帝庙　11. 斗姆宫　12. 火神庙　13. 地藏寺　14. 东寺　15. 北寺　16. 三清观
17. 太清宫　18. 万寿寺　19. 仙人洞　20. 基督教堂　21. 白塔寺　22. 瘟神庙　23. 万寿寺
24. 大神庙　25. 财神庙　26. 天后宫　27. 三皇庙　28. 白衣寺　29. 白衣庵　30. 广福寺
31. 大兴寺　32. 八王寺　33. 吕祖堂　34. 七圣祠　35. 永宁庵　36. 老虎庙　37. 老君堂
38. 天齐庙　39. 皂君庙　40. 双福庙　41. 养生堂庙　42. 观音寺　43. 堂子庙　44. 七圣祠
45. 农神庙　46. 大悲庵　47. 吉祥寺　48. 龙王庙　49. 青云寺　50. 文庙　51. 景佑宫
52. 金觉寺　53. 杨教寺　54. 吉祥庵　55. 徽宗祠　56. 华岩寺　57. 龙云寺　58. 保安寺
59. 慈恩寺　60. 药王庙　61. 般若寺　62. 关帝庙　63. 玉皇阁　64. 娘娘庙　65. 昭忠祠
66. 天主堂　67. 城隍庙　68. 中心庙　69. 基督教堂　70. 仙人洞　71. 普济寺　72. 马神庙
73. 玉皇庙　74. 风雨台　75. 普渡寺　76. 观音堂　77. 莲宗寺　78. 英国教堂

发展至清朝后期，寺庙的分布区域也相对集中，如盛京古城东边的小东边门内的天齐庙一带，在这一区域里就建有多座寺庙，包括天齐庙、灶君庙、山神庙、地藏阁、老君堂、养生堂等等。而盛京古城西边的小西关门外，实胜寺附近的寺庙最多，除实胜寺外，还有太平寺、积善寺、善缘寺、兴庆寺、保灵寺、关帝庙、僧王祠、三贤祠、双忠祠等寺观。在盛京古城南面的大南边门内，坐落有慈恩寺、大佛寺、般若寺、普济寺、华岩寺、龙凤寺、药王庙、玉皇阁等庙堂，在小南门风雨坛附近一带有普济寺、马神庙、老爷庙、灵神庙、穷神庙、玉皇阁等庙宇。盛京古城北面的大北边门外的区域有天后宫、白衣寺、财神庙、三皇庙、杨家庵、佟家庵、孟家庵等寺庙庵堂。盛京古城的这些寺庙不仅与城市居民的信仰崇拜和民俗活动有关，也影响着人们的日常生活和行为方式，同时这些寺庙景观也影响和改变了整个城市的景观风貌。诸如位于古城北门外不到百米处白塔及崇寿寺，是古城著名的景观胜景之一；位于盛京城西北十余里的塔湾处，有一座始建于辽代的无垢净光舍利塔，塔北建有回龙寺，每逢夏秋晴朗天气的傍晚，走出古城的西北门，即可望见残阳西沉映衬古塔的美丽景象，于是这里便有了"塔湾夕照"这一盛京胜景；位于小西关门外五里，由清皇家敕建的实胜寺，寺内"皇寺鸣钟"的景象成为盛京八景之一；位于盛京城东南方向内外城之间的万泉河边的小河沿，逐渐形成一处全城共知且声名远扬的休闲避暑圣地和民俗活动荟萃的"杂八地"，此地的著名景观有两处，且都是寺庙景观，一处是观音阁，一处是魁星楼。借用清末沈阳名士缪东霖曾描述其景色说：观音阁东南对黄山一带，岚风扑人。俯临万泉河，河水清澈可爱[1]。阁东有堂五楹，甚宽敞，妙与山水相浃。署月偶坐其地，觉清爽沁人心脾，竟忘身在尘世也。

除了这些盛京城著名的自然景观，由宗教所渲染的文化景观氛围也构成了盛京古城的景观风貌。最负盛名的宗教民俗文化活动就是盛京庙会，是集朝拜、游艺、商业、民俗活动于一体的综合性节日庆典。盛京城内众多的庙宇使得城市具有浓厚的宗教氛围，影响着居民的文化生活。如实胜寺庙会在每年元宵节前后举办，具体活动有"打鬼"、"跳哒"、"跳布扎"等内容（图3-2），其实质为喇嘛教的一种宗教仪式，而在寺外，商贩云集，有人与香客摩肩擦踵，热闹非凡。实胜寺庙会的习俗一直持续至今，成为沈阳一景（图3-3）。现在的庙会虽然早已没有当时的宗教仪式，但是仍然作为传统的民俗文化活动保留遗传下来，成为沈城人文化娱乐生活的一部分。

通过查阅相关文献资料的记载，可以了解到清代盛京城内寺庙分布情况。盛京的寺庙建设有集聚的现象，很多寺观庙宇集中在某一区域，如实胜寺周围有大小寺庙约10座。盛京寺庙的建设分布情况大体以盛京皇城为中心呈放射状且分布较为均匀，不过，位于城市北部的寺庙数量略多于南部，城市西部的寺庙数量略多于东部，而在宗教类别和寺观建筑的数量上，道观多于佛寺。在这一时期，寺庙建筑和其所属的景观环境由于其对外开放的性质，更多地是被作为当地居民的主要公共活动场所。

1　佟悦. 清代盛京城［M］. 沈阳：辽宁民族出版社，2009.

图 3-2　喇嘛教的"跳布扎"　　　　　　图 3-3　民国时期的实胜寺庙会

分析盛京地区寺庙的分布情况，其主要形成原因有以下几点：一是用地限制原因，盛京城内人口密集，土地有限，可用于修建寺庙的土地也很少，所以寺院的数量少，规模大多也很小；二是历史的原因，盛京内城是清王朝的皇家领地，除了少数清建都之前遗存的寺庙外，余下都是皇家敕建的寺庙，因此盛京城内的寺庙建筑大多建于内城外，并且相对比较集中；三是沈阳各区域居住人群社会地位的不同也是造成寺庙分布密度相差悬殊的主要因素之一；四是宗教原因，研究发现，清代的道观明显多于佛寺，佛寺明显多于教堂，这是因为道家作为本土宗教，一直根植于人民的信仰之中，佛教作为传入较早的外来宗教，虽逐渐适应并融入中国的传统哲学文化，但对于人们的接受程度来说，仍然没有道教更为普遍，作为最后传入的基督教更是如此，根据史籍资料记载，盛京城的关帝庙多达三十余处，遍布盛京城内外，其原因是由于清满人善骑射，因此笃信关公；五是寺庙多选于风景优美的地带，如万泉河边的小河沿一带，聚集了观音阁、龙王庙、魁星楼等众多庙宇，因东北地区冬季时间较长，每年冰雪消融、春暖花开之际，景色优美怡人，是盛京胜景之一，成为了盛京城内居民的赏春踏青之地。

二、现阶段沈阳地区寺庙分布情况

沈阳地区寺观庙宇的建设历经清代发展的鼎盛时期、近代的衰败时期、"文革"的损毁及至改革开放而发展演变至今，随着城市范围的扩张，寺庙的分布范围也在不断扩大，但是寺庙的分布密度却明显下降，总数也明显减少了。

据粗略统计，截至 2015 年，沈阳地区现存（包括重建）的寺庙大约有 57 处，其中佛教寺庙约为 38 处，道观约为 12 处，清真寺约为 7 处。以佛教为例，其中位于郊外山林的寺院约为 12 个，主要有朝阳寺、地藏寺、广福寺、华圣寺、石佛寺、向阳寺、中华寺等。位于城市建成区的寺院有 12 个，主要有长安寺、慈恩寺、吉祥寺、般若寺、大佛寺、实胜寺、太平寺、法轮寺、延寿寺、大法寺等。寺庙在沈阳地区的分布情况较为平均，大多坐落在沈阳城市的中心城区内，其中一部分为历史遗留下来的，经过翻修或者复建后，在原址继续使用的寺庙；还有一部分是原址已被占用或遗迹完全消失，根据历史文献记载重

新选址新建的寺庙。目前来看，城区内部的寺观大多基本保留了相对好的、符合历史原貌的建筑和景观环境，但也有部分寺庙早已不复原有的景观风貌。但遗憾的是，很大一部分对沈阳城市有重要影响的寺观庙宇及其景观环境已经消失了，仅余以寺庙演化而成的地名，记载着当年的历史。这些因寺庙留下的地名构成了沈阳地区历史文化的重要组成部分，反映了沈阳地区寺庙发展演变的历史沿革。

现今沈阳地区留存下来的寺观庙宇，多是历史上著名的庙宇，因其盛名而得到了较好的保护或恢复。这些庙宇基本位于沈阳的主城区范围内（图3-4），如盛京方城内的太清宫、中心庙、长安寺，以及位于大南街的慈恩寺、大佛寺、般若寺等。这些寺庙在分布类型方面属于城市型寺观，由于地理位置及交通方便等因素，香火旺盛，信众云集，寺观也因此盛名远扬，成为沈阳地区宗教景观的重要组成部分。

位于市郊的寺观庙宇，主要分布在沈阳地区的东南部，因这里属于山地丘陵地带，风景优美，环境清幽而利于修行，故而也成为很多寺观庙宇的选址地。这些寺观庙宇多建于地势较高的地方，与周围的环境有机融合，形成了山地寺观园林化景观。现存比较著名的山地寺观有：朝阳山朝阳寺、棋盘山向阳寺、中华寺、广福寺、华圣寺、石佛寺等。

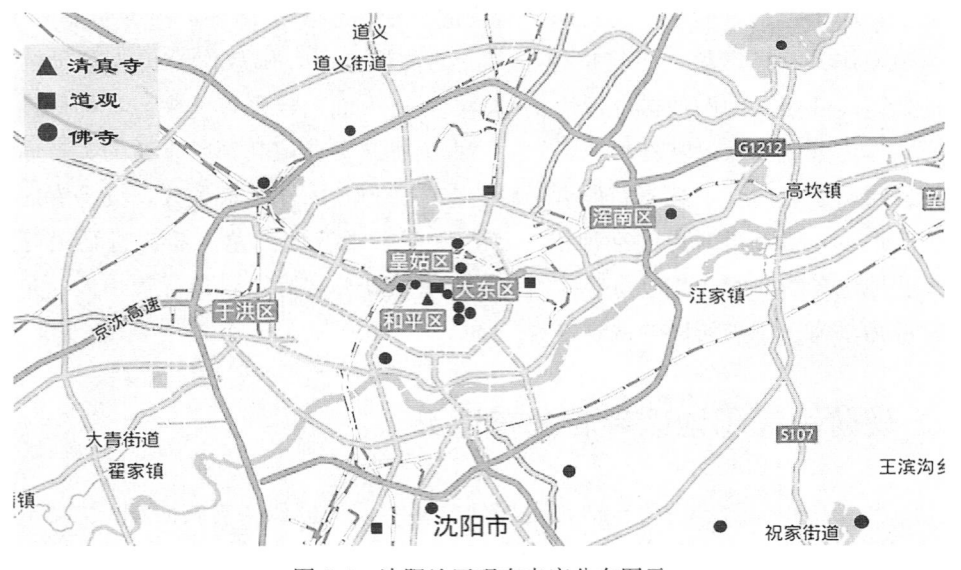

图 3-4　沈阳地区现有寺庙分布图示

近代以来，沈阳地区佛寺数量逐渐多于道观宫观。佛寺作为中国宗教建筑中的主要类型，在宗教建筑范畴中占有非常重要的地位。佛寺中又以汉传佛教寺院较为常见，其原因在于：汉传佛教在传入中国后与本土的传统哲学文化逐步融合，被越来越多的人所接受，而且在与传统文化逐步融合的互动过程中，佛教的中国化、地区化最为彻底，得以被不同阶层的民众所接受。而中国本土的道教大多始于原始的民间多神信仰，虽派别众多，但很多派别未能形成系统，随着时间的推移而被忽视遗忘，其中较为系统的派别，也因在其后的传播过程中发展缓慢，因此造成现在沈阳地区的道观建筑数量比佛教庙宇数量少的情况。

汉传佛教寺庙在环境选址、空间布局、建筑形式、小品布置及植物配置等方面都注重从整体入手，注重空间结构、建筑布局、景观环境的营造，其佛教寺院的景观环境构成特征一直为现代寺庙及其景观环境的建设所继承。藏传佛教虽在清代极受统治者的推崇，寺庙建设数量较多，但因其传入时间较晚，建庙数量有限，加上清朝灭亡之后大多维护不力，受到的破坏严重。目前沈阳地区现存的藏传佛寺只剩下实胜寺、太平寺、北塔法轮寺三座寺庙，无论是在数量还是在规模方面已远远不及其他种类的宗教建筑。虽然如此，藏传佛教在沈阳地区依然有着相当大的宗教影响力。

随着现代旅游业的发展，这些传统的寺观庙宇及其景观环境也开始成为绝佳的旅游资源，受到越来越多的关注。旅游业的发展已然带动了传统寺观庙宇建设的发展，并因资金的丰富而注重对其所属的景观环境进行修建和扩建。以佛教寺院为例，截至 2013 年底，沈阳地区有全国重点寺院 1 个，即慈恩寺；省级保护单位有 2 个，即长安寺和般若寺；市级保护单位有 2 个，即大佛寺和吉祥寺[1]。这些寺庙已成为沈阳地区历史文化旅游的重要资源，是体现地域文化和传统文化，以及展现沈阳古建筑风格的重要载体。

1　潘新新．沈阳地区汉传佛教寺院空间及环境研究 [D]．沈阳：东北大学，2014.

第四章　多样的宫观与庙堂

改革开放以来，随着人们对传统文化的重视和对宗教信仰的尊重，很多被损毁和被拆除的寺观庙宇得以恢复和重建，下面是对沈阳地区现存的以及历史上著名的寺观庙宇的概括介绍，从中可以大致了解沈城宗教建筑的发展沿革与历史变迁。

一、汉传佛教的寺庙

1. 慈恩寺

慈恩寺位于沈阳市沈河区大南街，东临万泉河，毗邻沈阳万柳塘公园、带状公园（图 4-1），环境优雅而清净。寺内碑文所载：复兴古刹由僧人惠清创建。旧时的慈恩寺，后有雄都可倚、前有秀峰可观、左有清泉流水，有通衢坦平，其风景幽美，拱托着梵刹一所，每日晨钟暮鼓，佛声浩荡。清代诗人双庆曾作诗《慈恩寺》，描述了慈恩寺晨钟暮鼓的声音景观：

禅声冷带西风咽，山翠遥连夕照明。

徒倚未教秋兴减，吟成坐听梵钟清。

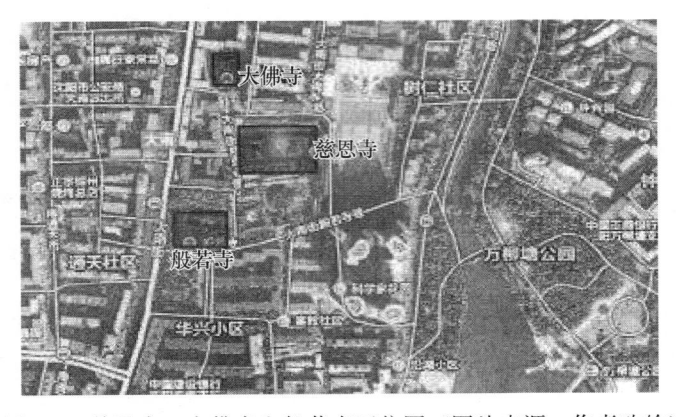

图 4-1　慈恩寺、大佛寺和般若寺区位图（图片来源：作者改绘）

慈恩寺有"十方丛林"之称，是沈阳最大的汉传佛教寺院，是著名的佛教胜地和旅游景观。慈恩寺历史悠久，所藏佛教经典、佛像、礼器和法器等佛教用品，其数量之众多、保存之完整居全市之首。慈恩寺的建筑布局严谨，殿宇壮观，规模宏大，独具辽沈地方建

筑特色。寺庙庭院内青松翠拍掩映，环境清幽（图 4-2）而又气势非凡，寺庙的生活区颇
能够感受到禅房花木深的意境。整座寺院内不同区域的景观环境因使用功能的差异而营造
出不同的园林意境。

图 4-2　慈恩寺寺内景象（图片来源：作者自摄）

2. 般若寺

般若寺位于今沈阳市沈河区大南街永德里 6 号，创建者是清代的高僧古林禅师，他于
康熙二十三年（1684 年）主持修建了佛教十方丛林。该寺庙建筑曾先后经过清末、民国
年间、"文革"后的三次重修。般若寺曾于 1966 年遭到破坏，1979 年后重新修茸，并得以
保持现状至今。现般若寺已被列入市级重点文物保护单位，省佛教协会也设在此寺内。寺
院坐北朝南，是两进院落的布局，主建筑大雄宝殿为歇山式建筑[1]。寺内设有山门、天王
殿、大雄宝殿、祖师堂、藏经楼等中国传统建筑楼阁共 45 间。般若寺现女僧人居多，寺
庙景观环境的营造上也较多地体现出明显的女性化特征，相较同等级和规模的寺庙来说，
植物景观营造的效果更佳（图 4-3）。在寺庙生活区内的庭院内，植物种类丰富，既有高大
优美的常绿乔木，也有浓密的花灌木，同时还种植有各类蔬果、观赏花卉、盆栽植物等景
观，结合寺庙的古典建筑营造出了良好的四季景观。

3. 大佛寺

大佛寺现位于沈阳市沈河区大南街慈恩寺巷 14 号，与慈恩寺、般若寺毗邻，于 2008
年被列为市级文物保护单位。根据寺内残存的法器和遗碑考证，该寺确为唐代古刹遗址，
曾于明万历四十二年（1614 年）重建，后清代又进行过多次重修。据《沈阳县志》记载，
寺内原有乾隆十二年重修时御赐的匾额及铜像，并因寺内佛像高达一丈六尺，故而得名大
佛寺。清代时期，大佛寺与当年盛京地区的其他寺庙相比，占地面积和建设规模都是比较
小的，影响也不大。直至民国年间的两次修缮和扩大规模后，名气大增，使得大佛寺成为
沈阳的佛教名刹之一。大佛寺占地面积 543 平方米，经过重修后的大佛寺为两进院落，共
有建筑 30 余间，其中硬山式山门 3 间，硬山前后廊式中殿 3 间，进深 3 间，硬山式大殿 3
间，前后进深 3 间，还有硬山式建筑东西配殿和配房等[2]。大佛寺主庭院大殿前种植有暴

1　刘长民 . 盛京寺观庙堂［M］. 沈阳：辽宁民族出版社，2004.

2　（清）励宗万辑 . 盛京景物辑要第十二卷［M］.1754.

马丁香，树姿美观，开花时节飘香四溢、芬芳袭人。佛门在寺院常栽种菩提树，除用以表示信仰的忠坚和虔诚之外，主要还是为了纪念佛祖得道成佛。因植物生长区域的限制，暴马丁香常常作为中国佛教寺院的菩提树的替代树而被广泛栽植（图4-4）。

图4-3　般若寺主庭院的景观环境　　　　图4-4　大佛寺主庭院的景观环境

4. 长安寺

长安寺地处沈阳古城的东北隅，现位于沈阳市沈河区朝阳街长安寺巷，在属于沈阳市的中街商圈内。经考证，长安寺是沈阳著名的古刹，在《沈阳县志》和《奉天通志》上记载为"唐时建"。寺内存放的明成化二十二年（1487年）《重修沈阳长安寺碑》上的碑文记载："……同朝洪武中因筑城而始知为故刹……"。这说明在明洪武二十一年（1388年），在元代土城基础上改建砖城时，就已有此古刹，也印证了"先有长安寺，后有沈阳城"的说法。

长安寺内现存明、清时期的碑刻共计六幢，其中以明成化二十三年《重修沈阳长安禅寺碑》为最早，也最重要，碑文记述了重修长安寺的历史。这些石碑石刻也构成了寺院内部重要的宗教景观小品，蕴含着深厚的文化底蕴，因此常吸引香客及游人驻足观赏（图4-5）。长安寺主庭院为典型的廊院式布局，庭院内部景观环境与兴城文庙有异曲同工之妙，都是在庭院内部采用对植的方式栽植松柏等常绿树种，营造幽深静谧的宗教氛围。

图4-5　长安寺庭院景观环境

5. 朝阳寺

朝阳寺位于沈阳市东陵区祝家乡北部朝阳山上（图4-6），这里山峦起伏，连绵数里，唯有朝阳山雄踞群峰之东，一峰独立。山上林木茂盛，风景秀丽。朝阳寺坐落在山之东侧，依山而建。寺院坐西朝东，建筑顺山势层层上升，从下向上望去，各殿堂错落有致（图4-7）。距寺院东南方20余米处有一块巨石，在上面遗有猪蹄印的痕迹，故此寺又称

"猪踪朝阳寺"。朝阳寺是沈阳市东南部郊区最为著名的一座古老寺院。其建筑年代，一曰始于唐，一曰始于明洪武年间。据寺内石碑碑文记载，明正德年间（1516—1621 年）在朝阳山重建朝阳寺，在民国十三年（1924 年）又进行过重修。

图 4-6　朝阳寺的区位图　　　　　　　　图 4-7　朝阳寺庭院的园林景观

朝阳山上有百余棵百年以上的古松，特别是朝阳寺内大雄宝殿前的菩提松，据考证，树龄逾千年，其形状如华盖，势若虬龙，为辽沈地区树龄最久、树冠最大的古松之一。现朝阳山上还有猪踪石、金刚树、兄弟树、北斗七星林、连理枝等许多奇特的景点。朝阳寺现独立成为风景区，除了寺庙庭院内部景观环境，景区山门和侧门之间区域属于寺院附属园林，也是目前沈阳地区唯一拥有附属园林的寺庙（图 4-8）。园中河水蜿蜒流过，一池莲花与河水相映，小桥和木船作为点景构成了整个园林环境。

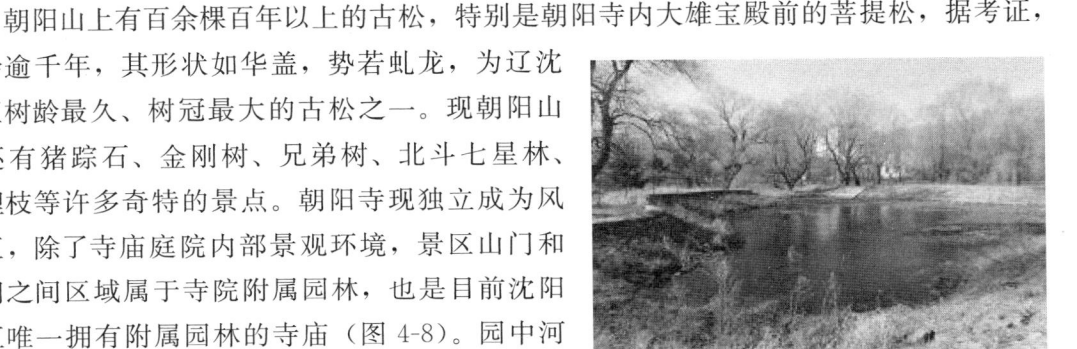

图 4-8　朝阳寺庭外部附属园林景观

6. 向阳寺

棋盘山上的向阳寺始建于明代（1575 年），位于沈阳棋盘山秀湖风景区内（图 4-9），以风景佳绝而闻名于辽沈地区，在沈阳故宫博物院收藏的清代文献中，赞美向阳寺的诗歌便有二十余首。向阳古寺原占地面积达数百亩，是一座规模很大的佛寺。寺院共有上下两层殿堂，殿南侧建有砖塔一座，佛堂一座，殿门匾额高悬，刻有"双峰翠水"四字。向阳寺原有建筑已毁，现在看到的寺院已非原貌，如今的向阳寺是依照原貌迁址重修的寺院，距原址不远，仍保留了其原有的景观环境的气质特点。

复建以后的向阳寺位于棋盘山风景区秀湖水库南岸（图 4-10），占地 3 万平方米，据说其中的建筑面积达 9990 平方米，占地以"九"为数是取吉祥尊贵的寓意。寺内主要建筑有大雄宝殿、观音殿、天王殿、钟鼓楼和山门等建筑。其中大雄宝殿最为雄伟壮观，它占据了全寺景观的最高点，俯瞰全局，气势磅礴，卓尔不凡。寺院的建筑与庭院布局依山势自然起伏，错落有致。整个寺院庭园遍植常绿松柏（图 4-11、图 4-12），与寺外的松林连成一片，古木葱郁，环境清幽，气氛庄严而肃穆。

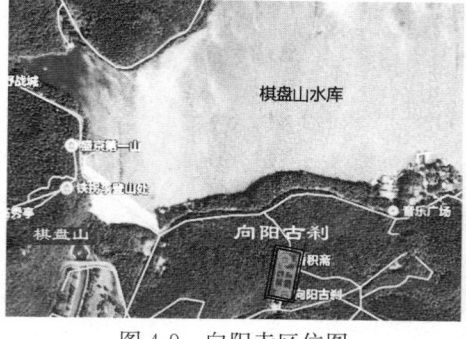
图 4-9　向阳寺区位图

图 4-10　向阳寺北面棋盘山水库

图 4-11　向阳寺院内部环境

图 4-12　向阳寺院内部环境

二、藏传佛教的寺庙

1. 实胜寺

实胜寺坐落在清盛京城的小西关外，即现沈阳市和平区皇寺路 206 号，原沈阳市政府西侧。实胜寺全名为莲华净土实胜寺，是沈阳地区现存最大、建设时间最早的喇嘛庙，即藏传佛教寺庙。这座寺院是清初皇太极敕建的寺庙，所以也叫"皇寺"，寺院建筑殿阁的顶部是完全按佛教密宗喇嘛庙的传统建筑格式，用黄绿色的琉璃瓦修建而成（图 4-13），所以民间又称为"黄寺"。实胜寺始建于清崇德元年（1636 年），经两年建成，后来又被多次扩建、重修。

　　　　　　　　（a）　　　　　　　　　　　　　　　　　　（b）
图 4-13　实胜寺今昔对比图［图片来源：（a）盛京旧影，（b）作者自摄］

实胜寺不仅以建筑装饰富丽华贵而著称，更以其倍受历代清帝的青睐而闻名于世，该寺因清帝的多次光临而香火兴旺，蜚声于寺院之林[1]。乾隆皇帝四次来此，并有《题实胜寺》诗：

> 天聪建年后，蒙古日观来。
> 是皆奉佛者，梵宇于是开。
> 神道而设教，易语理最该。
> 圣人岂外兹，所谋远且恢。
> 是寺名实胜，徵明德胜回。

清代诗人缪润绂在吟咏黄寺的诗作《钟声》之中，描述了作为盛京八景之一的"黄寺鸣钟"的景象：

> 五更起钟楼，鲸吼霄沉沉。
> 城市日渐高，何来风中音。
> 梵宇号实胜，静向西关寻。
> 希声度高树，殿阁凌绿荫。
> 岂须逢空山，洗我名利心。

2. 太平寺

太平寺又称锡伯族家庙，位于盛京城外攘关门外。庙址最初有两处，一处位于小西关外实胜寺之西，是康熙四十六年（1707年）由迁至盛京的锡伯族部众捐款修建的喇嘛教寺院。乾隆十年间又两次捐资修缮并增扩庙宇。原寺东侧另建有关帝庙，同属该寺管理。除这座锡伯家庙外，清代盛京城内的满洲、蒙古、汉军八旗等部众在康熙年间也各建有家庙，都位于实胜寺附近。满洲八旗家庙名为兴庆寺，蒙古八旗家庙名为积善寺，汉军八旗家庙名为善缘寺，与太平寺同样也是藏传佛教（喇嘛教）寺院。太平寺的另一处在小北关外五里的北塔法轮寺西北，庙院规模整齐，有建筑二十多间，并有皇帝御书"福田无量""甘露香林"匾额悬挂庙内，也是盛京庙宇中声名比较显赫者。

太平寺在清乾隆十七年（1752年），扩建三大殿，两配殿各3间，正门3间，并恭请三世诸佛，从而形成了真正的寺院规模（图4-14），此后又经三次扩建形成如今的完整寺庙规模。寺庙现占地面积为12406平方米，建筑面积958平方米，寺院坐北朝南，整座寺院平面近似长方形，共有两进院落，庭院内布局整齐，建筑完好。整个院落分为东西两院，中间由一道花墙相隔，花墙两侧的院落由两座月亮门连通，这样一来，形成了院中有

1　王树楠等纂．奉天通志［M］．东北文史丛书编辑委员会，1983．

院的景观，使这座古寺显得更加古朴典雅。在一条从南至北的中轴线上，坐落着天王殿、中殿、大雄宝殿三座主殿，在前中两殿之间的东西两侧各有配殿，后殿的西侧设有关帝庙，东侧建有文昌殿和龙树殿。在龙树殿东边有三间禅房，是寺院僧人居住的地方。东边靠墙有十间僧房，被称为连十房，其北有一小门，通往实胜寺（图4-15）。

图4-14　沈阳太平寺局部鸟瞰图

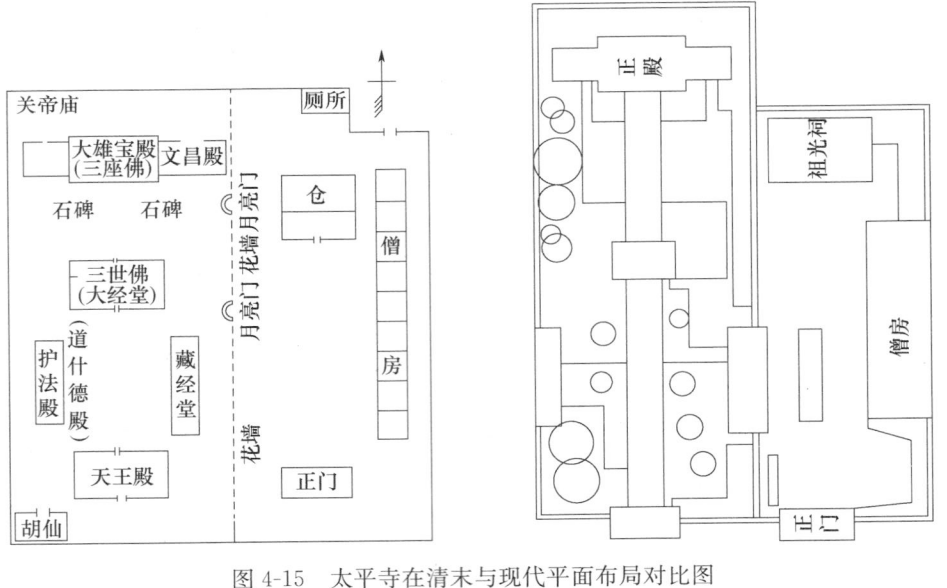

图4-15　太平寺在清末与现代平面布局对比图

3. 四塔四寺

沈阳四塔四寺位于距沈阳古城内城东、南、西、北各五里之处，分别为东塔永光寺、南塔广慈寺、西塔延寿寺、北塔法轮寺（图4-16）。由清太宗皇太极于清崇德八年（1643年）敕建，清顺治二年（1645年）竣工。这四座塔和各自所属的四座寺庙同时兴建，故人们习惯将其连在一起称呼。四座寺院均为喇嘛庙，塔和寺庙的选址是清初用喇嘛相地法测定方位的。四塔四寺的建筑规模、布局、造型大致相似，当年寺院殿宇巍峨，宝塔宏伟壮观。清代诗人梦石瘦人曾作诗《四塔凌云》，生动地描述了盛京胜景之一的四塔四寺：

出郭沿溪路衍迤，四围塔影占长坡，
谁为柱石才中立，剩有文峰笔几枝，
悬日捧宜霄汉上，当天圆不午阴移，
斜阳撑入溪山里，嵝嵷层层两脚垂。

　　到了清末及以后，仅余法轮寺尚保存有大殿和山门外，其余三寺均陆续毁坏无存，三寺原址亦移作他用。1985 年以后，由沈阳市政府主导，相继对四塔四寺进行了修复和重建，如今，四塔四寺基本上重新被恢复了原有景观，再现于沈城的视野中。2003 年，沈阳的四塔四寺被列为省级文物保护单位，受到了卓有成效的保护。

图 4-16　清末的东、西、南、北塔旧影（图片来源：沈阳旧影）

　　在四座塔寺内有碑文记载：盛京四面各建庄严宝寺，每寺中大佛一尊，左右佛二尊，菩萨八尊，天王四位，浮图（塔）一座。东为慧灯朗照，名曰永光寺；南为普安众庶，名曰广慈寺；西为虔祝圣寿，名曰延寿寺；北为流通正法，名曰法轮寺。四寺规模大小稍有差别，以北塔法轮寺为最大，占地面积原为 19582 平方米。四寺的建筑布局基本相同，均坐北朝南，建有殿堂。主要建筑为大殿、碑亭、天王殿、钟鼓楼、经楼、禅房、僧房、山门等，院中立有碑石。各进院落基本沿着中轴线布局，唯白塔独居一院。四塔均为藏式喇嘛塔，塔底建有地宫。现仅有北塔法轮寺寺院建筑保存较完好，而南塔和东塔仅存塔而无寺，西塔虽有塔和寺，但寺庙规模已大不如前。

4. 长宁寺

长宁寺旧称御花园。据《沈阳县志》载：御花园，清朝供佛之花园也，在县城西北。即外攘门外西北五里，沈阳古城通往昭陵路上的西侧，大体位置位于今沈阳市皇姑区宁山路和崇山西路之间。清初，每逢盛夏，清太宗皇太极及其皇子都来此避暑。清朝迁都北京之后，顺治皇帝为了不使御花园荒芜，于顺治十三年（1656年）改建为佛寺，将其命名为长宁寺。长宁寺为清朝历代统治者所推崇，建筑规模、宗教地位仅次于实胜寺，高于护国四塔四寺，是清初盛京六大喇嘛寺庙之一。它不仅是清朝几代皇帝东巡祭祖驻跸的地方，也是专门颂扬祖宗功德之圣地，康熙和乾隆曾多次来此祭拜，并有留有御笔匾额及碑刻。长宁寺内共有殿宇建筑47间，其建筑风格有别于城内其他寺庙，与皇宫建筑有很多相似之处。长宁寺山门朝南，从山门到正殿由一条铺满小石子的小路相连。路东卧一石龟，背驮石碑。有大殿3间，东西配殿各1间，两座配殿各有碑亭1座（图4-17），其中西配殿挂有高约1.7米的大钟一个。正殿西侧设有客房一间，供香客暂住。山门与正殿及西配殿之间用墙围成寺院的主体，寺内有经楼、经堂各一座，禅房30间。长宁寺的正殿屋顶铺黄琉璃瓦，而盛京的其他寺观庙宇除实胜寺外皆为灰瓦顶，这在清陪都盛京城的庙宇之中，仅仅是实胜寺和长宁寺有如此荣耀，由此可见清代长宁寺的特殊地位（图4-18）。遗憾的是，长宁寺在清末的日俄战争中受到严重破坏，后来被逐渐荒废，如今，长宁寺已荡然无存。

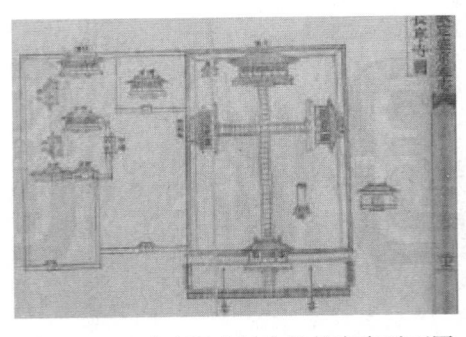 

图4-17 《盛京通志》中的长宁寺平面图　　　图4-18 长宁寺旧影

三、道教宫观

1. 太清宫

太清宫位于沈阳古城西北的城墙角外，现址为沈阳市沈河区西顺城街，是东北道教第一丛林，现为辽宁省重点文物保护单位。太清宫始建于清康熙二年（1663年），由当年的全真派道士郭守真创建，并于乾隆四十四年（1779年）重修扩建。最初，因太清宫的宫观内同时供奉道教的老子、儒教的孔子和佛教的释边牟尼，故当时亦被称为"三教堂"（图4-19）。道教观点认为，世界有玉清、亡清和太清三个发展阶段，自有了物质及人类后，进入了太清阶段，故此观改名为"太清宫"。走近太清宫会发现，太清宫的建筑与庭院深"陷"繁华市井中，其地势低于周边街路近 1 米左右。这是因为太清宫的原址曾是盛京城外的一处水泡[1]，故而地势较低。清代诗人瑞卿有诗《道院秋风》："幽闲隆盛太清宫，修真养性亦蓬瀛。孚佑帝君曾降笔，松青竹翠古仙风。"

图 4-19　太清宫老君殿今夕对比图

2. 蓬瀛宫

沈阳市蓬瀛宫是东北地区唯一的一处坤道院，属于太清宫下院，与如今的南塔广慈寺隔墙而望。现在的宫观建筑建于 1994 年，是择址另建的传统道观。现蓬瀛宫占地面积 3700 多平方米，在山门前营造了有 1500 多平方米的花园、绿地（图 4-20），山门 3 间，院内正中有三层楼宇式殿堂，两边有配殿和二层的厢房，建筑为仿明清歇山式建筑，殿堂雕梁画栋，影壁为砖雕石刻，更显古朴典雅。寺庙内植物景观丰富，宗教区更显清静幽雅，而道人的生活区内的绿植更加富有生活气息。

图 4-20　蓬瀛宫周围坏境、内部环境（图片来源：自摄）

3. 天后宫

天后宫位于当年盛京古城地载门外、小北关街东，今沈阳市大东区天后宫路 36 号。清乾隆年间，华南各省商人纷纷北上经商，因盛京是东北地区的中心城市，客居沈城的福建、浙江籍的商贾，为求经商顺利、航运往来平安，遂筹款兴建天后宫，兼为闽浙会馆。当年的天后宫建筑规模宏大，占地达万余平方米，殿宇壮观，四周砌有青砖围墙，筑有朝北的戏台（图 4-21）。天后宫有正殿 5 间，塑有海神天后娘娘像。正殿北面有 5 间二层小

1　刘长民 . 盛京寺观庙堂［M］. 沈阳：辽宁民族出版社，2004.

楼，称寝宫，为海神天后娘娘的"卧室"。在天后宫山门西面是一片空地，栽树种草，并有一大水池子，为闽浙商贾信步休闲之处。在山门东面，建造三栋房屋，是会馆办公处所。这里每年都有庙会，庙会期间，会馆请戏班在山门戏台上连演三天，引来无数百姓进香拜神、观戏娱乐。清光绪末年，天后宫不幸毁于火灾。几经变迁，如今天后宫已荡然无存，现在此地已为沈阳市第二十六中学校址。

图 4-21　天后宫旧影

4. 关帝庙

由于满族是以尚武著称的骑射民族，自清太祖崛起初期就十分崇拜"武圣人"关羽，所以关帝庙也成为沈阳城乡数量最多的一类庙宇（图 4-22）。按清末民初地方志所记统计，沈阳地区比较有规模的关帝庙当在 50 座以上，位于盛京八关之内的庙宇也不下十余处，这些庙宇的建造年代大多集中在清代中期。清盛京城最有名的关帝庙有两座，一座在小北关外北塔法轮寺的西南，清太宗时期敕建。这座庙宇的大门处悬有"义高千古"坊额，乾隆十九年（1754 年）乾隆皇帝又赐御书"灵护神京"的匾额悬挂于大殿之中。庙旁同时兴建有校场、点将台等，皇太极时期多次阅兵及出征仪式都曾在此举行。由此可见，该庙建于八旗军校场旁，具有十分明显的官立性质。另一座关帝庙位于小西关外，与众不同之处是庙院坐南朝北，殿后有楼阁，殿前有戏楼一座，为城中商民会议之所，每逢会期，常有酬神大戏演出。

图 4-22　《盛京通志》中的
城北关帝庙平面布局图

四、伊斯兰教的清真寺

1. 南清真寺

沈阳南清真寺，又被称作清真南寺，位于沈河区小西路，是东北地区建设最早、影响最大的一座伊斯兰教礼拜寺，也是全国著名的清真寺之一（图 4-23）。南清真寺由沈阳铁氏先祖于康熙元年（1662 年）兴建。初建时规模较小，仅有正殿和南北讲堂，其中正殿 5 间、南北讲堂各 5 间，庭院分为里外院。现在的南清真寺全寺占地 7483 平方米，建筑面积 1700 多平方米。寺院坐西朝东，以山门、二门、抱厦、大殿、望月楼为轴线，大殿为中心，两侧有配房，南北经堂各 5 间。山门外为广场，东侧影壁上刻有"清南古寺"，为该寺创建时铁范金所书。屋顶彩绘有山水花草云朵等风景图案。山门悬挂的"认主独一"

的匾额，为著名书法家霍安莱所提。寺内建筑样式虽是传统的中式建筑，但在建筑装饰上，具有着华夏、突厥、阿拉伯等多民族文化融合的特点。

2. 东清真寺

沈阳东清真寺位于沈阳南清真寺的东面，今沈河区市府大路东寺巷（图4-24）。该寺于清嘉庆八年（1803年），由民众集资创建了拜殿、南北讲经堂、沐浴室等各3间，是来自河北、山东的回民的清真礼拜寺。

图 4-23　南清真寺旧影　　　　　　　　图 4-24　东清真寺旧影

沈阳东清真寺占地面积2571平方米，建筑面积1094平方米，寺内共有十几间房屋。院内的礼拜堂建有四根奶黄色大柱，将西式建筑的形象与中式建筑有机结合，风格独特。清真东寺现在已成为沈阳市伊斯兰教经学院，原有的礼拜堂已改为经学院的教室了。再往里走是望月楼，西侧是配殿。望月楼是东寺最高建筑物，高约30米，全部青砖砌筑，木制结构。望月楼有三层楼阁、六面回廊和六个大角，楼顶是伊斯兰教的标志——弯月涵星。清真东寺是清代后期具有中西结合风格的清真寺院。

五、其他类型寺庙

1. 太庙

盛京太庙最初位于盛京城抚近门（大东门）外东2.5公里处，现位于沈阳故宫院内大清门东侧。太庙始建于清崇德元年（1636年），是清代皇族祭祀祖先的家庙。清乾隆四十三年（1678年）之前，处于现在的太庙位置的是一座道教寺观——景佑宫。景佑宫原称"三官庙"，建于明代嘉靖年间，努尔哈赤和皇太极兴建盛京宫殿时，因欲求得庙内所供奉的"三官"庇佑而将此庙保留下来。乾隆四十三年（1678年）八月，清高宗弘历第三次东巡盛京，为恢复陪都坛庙之制，移建太庙于盛京皇宫大清门东，即原来景佑宫故址，而将景佑宫移至德盛门（大南门）附近重新建设。移建后的盛京太庙北部建正殿5间，殿前西侧有焚帛砖楼1座，东西配房各3间，配殿之南备有顺山耳房2间，南面的庙门建筑3间，东西各有角门1座（图4-25）。为了符合太庙供奉清帝先祖的特殊地位，太庙各殿顶部皆满覆黄琉璃瓦，而不是像故宫其他建筑那样装饰以绿剪边。现在，太庙已恢复原貌并对外开放，这座太庙也是我国唯一一处向国内外游人开放的皇廷家庙。

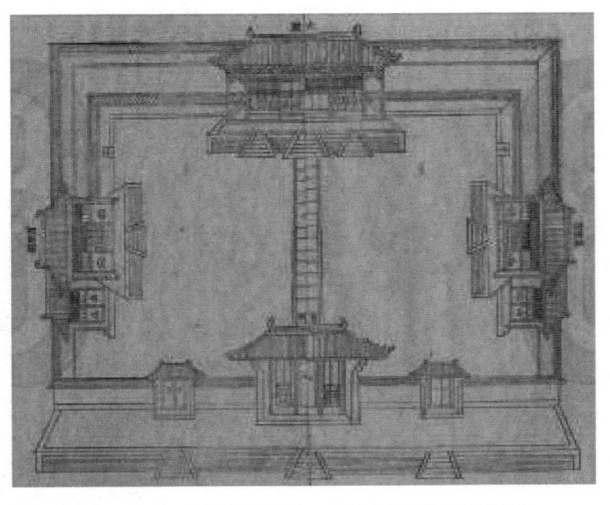

图4-25　《盛京通志》中的太庙平面布局图

2. 文庙

文庙为孔丘之庙，亦称孔庙、圣庙，是为宣扬儒家礼教思想而建。相传，文曲星（主宰文章的吉星）在天上的东南方，所以，沈阳文庙也就建在古城内的东南隅。据史书记载：明代在沈阳中卫城初设儒学，清朝沿袭明朝旧制，继续尊孔崇儒，清太宗天聪三年（1629年）开始修建圣庙，康熙年间又扩建学宫，规模始备。

沈阳文庙的总体建筑呈长方形，东西稍长，南北较短，占地面积4800平方米，分东西两个院落，东为圣庙，西为学宫（图4-26）。最早建有圣殿（大成殿）3楹（图4-27），戟门3楹、棂星门1座，后来陆续增修学宫及启圣殿，增建东、西庑各3间，明伦堂3间，东西斋房各3间，仪门及东西角门各1座，学署6间（乐器库房、书房、西房各2间），并将原有的大成殿扩大为5间，同时增建大成门、启圣门、照壁、仪门各1间。沈阳文庙共计建筑8栋22间，学宫建筑2栋10间。

文庙的整个院落布局严谨，疏密有致，其殿宇宏伟壮观，屋舍巍峨富丽。每年春秋仲月（即农历二月、八月）的祭孔时节，从沈阳城大南门到文庙，用黄土铺道，清水洒街，官宦学子们虔诚拜祭至圣先师孔子。在大成殿内的孔子牌位前，由地方最高官吏充当主祭人，身穿古装祭服，宣读祭文，率领众官员及儒生们向孔子及众先贤行三拜九叩礼。此时，吹奏"朗乐"，跳起"八佾"舞，盛极一时。这种祭孔活动后来逐渐成为沈阳民间民俗节庆活动之一，流传了很长时间。文庙现为沈河区朝阳一校操场，学宫建筑现也被改为了民宅。

图 4-26　沈阳文庙的祭孔仪式　　　　　图 4-27　沈阳文庙大成殿

3. 魁星楼

沈阳的魁星楼始建于明崇祯元年（1628 年），后曾历经三次重修。这座建筑在 1962 年成为区级重点文物保护单位，但在"文革"初期被拆除。中国的道教把魁星尊为主宰文运兴衰之神，在唐代兴科举以后，各地建设了许多魁星楼，以供学子们赶考前顶礼膜拜，以祈文星高照、榜上有名。当年在整个东北地区，也仅此一座魁星楼，可见人们对它的喜爱和推崇。

魁星楼及所属寺院（图 4-28）坐落在盛京外城东南部万泉河的北岸，所处地势较高，附属寺庙占地 1600 多平方米，建筑面积为 460 平方米。寺院坐北朝南，平面布局呈长方形，其东南侧是高约 20 余米的魁星楼。楼分上下三层，歇山式屋顶，楼底层呈正方形，青砖砌筑，四面有半圆形拱门。墙基上面部分为花格式女墙，楼的一层为空阁，内有楼梯可登二层；楼的二层为砖筑，四面有拱门，小于一层面阔，外有十二根立柱，柱上为斗拱飞檐；三层为木结构，设隔扇门，外有十二根立柱，柱头上为斗拱檩枋，均施彩画。寺院前筑有圆洞门，门上有青砖门额题"魁星楼"三字，其左右有旗杆两根。寺院北面设有三角石柱架，悬挂铁钟。魁星楼所处位置高而空旷，高峙城东，登阁远眺，可将万泉河一带锦绣风光尽收眼底。特别是夕照晚霞之时，可一望千里，因而"星阁晴霞"成为当年著名的盛京八景之一。遗憾的是，该楼在 20 世纪 60 年代中期被拆毁。

图 4-28　魁星楼不同角度的旧影

4. 珠林寺

珠林寺位于沈阳市大东区珠林路一段10号，创建于后金初年，康熙年间重修扩建，是沈阳市最早建立的"寄灵寺"。珠林寺（图4-29）坐北朝南，占地面积百余亩，寺周筑有高大的青砖围墙，堪称高墙深院，寺内古松参天，肃穆幽静。该寺的正门是用青砖砌筑的拱券门，寺内佛殿分正殿、配殿、有碑房20楹，僧房、禅堂20余间，还有灵房数排。在大殿后建有鬼王殿，供奉鬼王。当时寺内有僧侣专为死者诵经做法，超度亡魂。今珠林寺已无存。

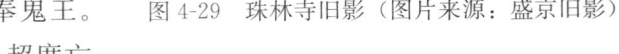

图4-29　珠林寺旧影（图片来源：盛京旧影）

5. 堂子庙

堂子庙位于大东边门内路南，始建于清初。各殿顶铺金、橙、黄、绿各色琉璃瓦，庙外围以红墙，院中植有苍松翠柏，罗列于甬路两旁。盛京堂子庙规模虽非特别宏伟壮观，但气象森严，极具皇家风范（图4-30）。庙址所在地在清代、民国时称"堂子庙胡同"，这里是盛京城内与天坛、地坛、太庙地位并列的清皇室入关前的皇家祭祀场所，确切地说，是清太宗皇太极率领诸王大臣按照满族萨满教习俗祭天祭神之处，其使用次数较其他三处频繁得多。据《清太宗实录》的记载，每年的正月初一，皇帝晨起第一件事就是率王公大臣往抚近门外祭堂子，随后回清宁宫祭神，然后才到大政殿参加群臣朝贺大典。平时在出征、凯旋等重要事件开始前或结束后，也都要到堂子庙祭祀拜神。盛京堂子庙为东西并列的两进院布局，外院有西向的宫门及其他两座建筑，内院的北部前为迎神亭，后为正殿，内院的东南角又有院中院，内有一座八方亭。外院东南角有门通往一小院，内有小房一座（图4-31）。堂子庙内正殿为祭祀主要场所，其东南角院内"尚锡神亭"则以祭天神为主，祭祀时不仅有上供行礼等仪式，还有边唱边舞的萨满跳神，相关仪式在清官修《钦定满洲祭神祭天典礼》《大清会典》等书中都有详细记载。由于堂子祭祀完全按照满族传统礼仪进行，而且一般人无缘亲见，所以颇具神秘色彩。清末，堂子庙因年久失修，被移作他用，后逐渐毁圮。

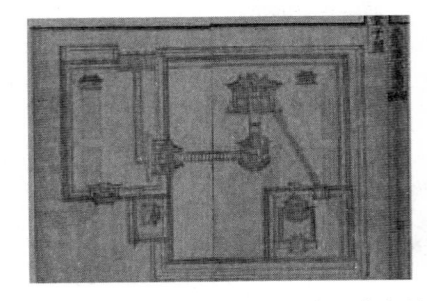

图4-30　《盛京通志》所载清堂子庙布局图

图4-31　堂子庙内旧影

6. 贤王祠

贤王祠（图 4-32）位于小西边门外，实胜寺东侧。清雍正十二年（1734 年）奉旨建成，本名怡贤亲王祠。清乾隆十九年（1754 年）乾隆皇帝东巡盛京，为追念开国诸王功绩，传谕将清入关后追封的其他亲王一并入庙奉祀，改名为贤王祠。盛京贤王祠由于地处开国都城，而与其他各地的怡贤亲王祠有了十分明显的区别，共祀有包括允祥在内的十二位"贤王"。从《盛京通志》上所绘的平面图可知，贤王祠为三进院落，布局方式不拘于严格的轴线对称，建有正殿 5 间、配殿各 3 间、大门 3 间、耳房 4 间、仪门 1 间、碑亭 1 座、左右角门各 1 间，并以高墙围绕，是典型院落式布局。从老照片中可见贤王祠建筑巍峨，古树参天，庭院环境幽深的特点（图 4-33）。

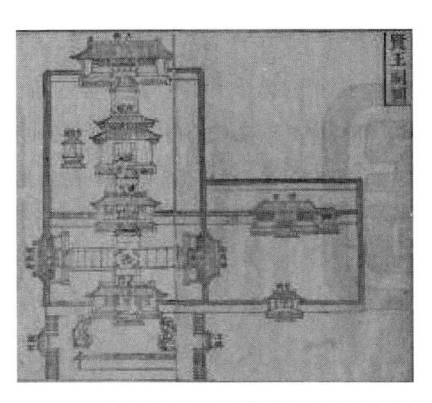

图 4-32　《盛京通志》所载贤王祠平面布局图　　　图 4-33　清贤王祠旧影

7. 仙人洞

仙人洞是盛京城内十分特殊的一类祭祀场所，分别选址于砖城四角楼之下城墙处。其所奉祀者，既不属佛家又不属道家，而是"仙家"，即所谓"狐仙"，属于民间的多神教信仰。由于旧时民间信奉者极多，努尔哈赤和皇太极在改建沈阳古城时，在四座角楼下面都建了仙人洞。这是因为满洲人都信仰萨满教，有信奉仙灵的思想基础。

清同治时期的刘世英所著的《陪都纪略》中描述了其幽深的景观环境。盛京城各处的仙人洞，以东南角楼下的最为著名，前人记云：沈阳城内"……东南角城下，有古洞一，俗呼为仙人洞（图 4-34、图 4-35）。洞口约二尺许，深不见底。依其侧结庐三楹，中塑其像，而复佐以西厢，前有山门，有牌楼，有旗杆，匾额楹联两楹，金碧辉煌，俨如宝刹……"，可见称之为"仙人洞"，并非只是一个洞，而是有奉祀建筑，类似一座小庙，有"仙家洞府"之意。庙内悬挂匾额有"参天化育""灵应否昭"等，也有"视听见闻在其上，聪明正直之谓神"，"具菩萨广大神通引登彼岸，问世界虚无漂渺别有洞天"的对联。位于沈城东北角楼的仙人洞有"仙境在人间何必远祈，洞天胜蓬瀛不须他求"的对联，内容为人所称道。这些匾额和对联共同营造出仙人洞府的神秘意境。

图 4-34　仙人洞旧影　　　　　　　图 4-35　清末祭祀狐仙盛况

　　总地来说，沈阳地区宗教传入的顺序大致是汉传佛教、道教、藏传佛教、清真教，基督教以及其他类型的宗教形式。其中藏传佛教（喇嘛教）是受到清政府的推崇，得以在沈阳地区获得极大的发展，进而影响到沈阳的政治、经济、文化以及城市建设。沈阳地区寺庙类型丰富，规模较大的寺庙有佛寺、道观、清真寺，规模较小但数量较多的有名人宗祠、仙家洞府等各类民间信仰的奉祀庙宇。清盛京时期开放兼容的文化特点使得这个地区汇聚了多种宗教类型的寺庙，而这些寺庙及其景观环境也构成了盛京地区鲜明的地域文化和景观风貌。

第五章 寺观庙宇的择址

中国传统的寺观庙宇和其所形成的附属景观环境，在建筑择址和空间布局方面多遵循一定规律，大多是从风水学、宗教意义和功能需求三个方面来考虑。根据我国传统的风水学理论，无论是城市选址还是重要建筑相地等方面都形成了一套较为完整的体系。寺庙的选址历来都要求良好的外部环境因素，要避风向阳、具有良好的小气候、靠近水源、靠近树林、依仗山势等。在科技还不发达的古代，外部环境的优劣和出家人、修行之人的生产生活息息相关，避风向阳和良好的小气候可为僧众和香客提供一个良好的生活环境，靠近水源可方便他们的生产灌溉、并提供一定的休闲环境；靠近森林或树林可以为寺庙提供经济作物来源、储备生活物资并起到防护作用，便于采薪和生产生活。在景观环境的营造方面，寺庙的选址也深受中国传统景观文化的影响，处于山林中的寺庙更加易于表现出山水融合的氛围，形成人工建筑景观和天然山水景观的有机融合。

一、寺观庙宇的择址依据

寺观庙宇最初建设时对于建筑基地的选址，往往受到较多外部环境因素的影响，例如，考虑到方便信众的参拜和交通往来，一般将寺庙选址于城市之中。另一方面，由于不同时期各种宗教教义因社会集团意识和受到推崇的程度不同，也影响了其与城市中心地域的关系和距离。受到重视和推崇的寺观建筑多聚集于城镇中心或近郊，以及居民聚居区，另有一些潜心修行的僧侣则选择远离尘世繁华，在风景优美、人迹罕至的山林中建设寺观庙宇，目的在于形成良好的修道氛围。

现存于城市中的寺庙，其景观环境因受到城市喧嚣的影响，相对来说难以形成宁静的宗教氛围，但因信众香客众多，以及城市管理者的保护，方得以更好的保存下来。现存于沈阳市区内的一些寺观庙宇及其景观环境，得益于良好的保护政策和信众的扶持，颇具安静的宗教气氛，多了一分闹中取静的意境，营造出了"城市山林"韵味。而位于城市近郊的寺庙，少了许多城市的纷杂，宗教气氛较城市中的寺观更为明显，虽不具有名山之中寺庙的名气和景观，却也因山林静谧、宝刹森严而令人肃穆。

城市型寺庙的营建，让信众身居城市便可有隔离世俗的天地，感受宗教的神圣庄严，而山地型寺庙的景观，可以使僧侣和信众不仅感受到宗教的氛围，也能因山林、亭台楼阁和池桥花木之美，体会宗教与心灵的感受，这也是寺庙景观环境所体现的宗教园林文化。

在寺观的选址方法中，风水学理论起着很重要的作用。风水学的相地是通过觅龙、察砂、观水、点穴、择向五种方法来择址定位，择址的条件包括良好的地形地貌、自然采光、通风和朝向，这些与风景园林学的相地择址要求完全一致。风水学认为形成"负阴抱阳"、"藏风聚气"的基址格局最为理想，而从风景园林学的观点分析所谓的"负阴抱阳"，意即背山面水的空间环境有利于形成良好的局部小气候。结合沈阳地区的地理气候状况分析，背山可以阻挡冬季寒冷的西北风，面水可以改善局部小气候，迎接夏季南来的凉风，既能够获得冬暖夏凉的效果，也可因面水而方便地获得生产生活用水[1]。中国传统风水学理论中认为寺庙最佳选址为：建筑依山而建，隐于树群之中，形成三面群山环绕，一面视线敞开的外部空间布局特征。这样既利用了良好的景观条件，又能突出神秘的宗教气氛，与此同时又符合风景园林学中围护与屏蔽的手法。

无论是处于城中闹市还是山岳林莽之中，寺庙的选址都受到了中国传统的风水文化的影响，即通过风水理论与方法直观地了解建设基址的地形地貌与环境特征，并通过定性与部分定量的研究与分析，寻找兼具生态和谐和自然美感的最好的地理气候环境。这一做法反映出古人对良好的生活环境和自然环境的向往与追求，体现出人与自然和谐共生的原始生态观念，即"天人合一"的思想。风水学说是古人在长期对自然的细致观察及实际生活的体验基础上产生的，对我国古代寺庙建筑环境基址的选择及设计布局产生了重要影响。

二、寺观庙宇择址环境的总体特征

沈阳地区寺观庙宇的基址选择方式大致分为三类：一是位于城市中心地段；二是位于城市的近郊地；三是处于风景优美的山林之中。以沈阳地区寺庙建设发展鼎盛时期的清代为研究对象，标示出寺观庙宇分布位置，可以大致看到这一时期庙宇择址的特点。例如，选址于城市中心的寺观有长安寺、吉祥寺、太清宫、中心庙等；选址于城市的近郊的寺观有慈恩寺、般若寺、大佛寺、四塔四寺等；选址于优美的山林之中的寺观有朝阳山的朝阳寺和棋盘山的向阳寺等。

1. 闹中取静——择址于城市中心的寺观庙宇

择址于城市中心区域的寺观庙宇，之所以建在城市之中，最主要的目的是方便信众的进香朝拜等宗教活动。这类寺观所呈现的建筑布局和环境特征是：寺观所处的城市地段繁华，而寺观庭院相对封闭独立，庭院内的景观环境以人工造景为主，寺外无附属园林。寺观因其位于城市之中，虽然扩展空间有限，但却能营造出相对安静祥和的氛围，成为喧嚣闹市中的一方静谧之地。

长安寺是沈阳地区现存最早的汉传佛教寺庙，素有"先有长安寺，后有沈阳城"的说

1　王其亨. 风水理论研究［M］. 天津：天津大学出版社，1992.

法（图 5-1）。长安寺选址于皇城范围之内，位于盛京古城的东北角，此地段交通便利，处于城市最为繁华热闹的商业地段。能够建于皇城附近说明这座寺庙具有重要的社会地位和政治意义。由于地处繁华的商业街区，众多的商贾信众使其具有良好的经济资源，并能够使寺庙得以维持并保存完好。但也由于地处城市中心，用地紧张，致使山门前缺乏宽敞的用地而显得有些局促，缺少从俗世景观到宗教庙宇景观的较好过渡，加之周围地区的商业氛围和高大建筑影响，使长安寺的景观空间略显压抑，商业街区的喧闹也对寺庙内部的安静有很大影响，破坏了长安寺应有的宁静祥和的宗教景观环境氛围。

图 5-1　长安寺区位图

太清宫的选址则位于盛京城西北角，一般来说道教宫观在城市中比较少见，而是多建于高山密林之中，以便修身养性，羽化登仙，例如武当山、青城山等地的道观选址就是基于这个原因。

沈阳太清宫道观的选址位于当年盛京城的一处低洼地，关于此道观的选址原因，在民间流传着一个传说。据说是在清康熙二年（1663 年），东北地区遭遇大旱，从入春到夏末滴雨未下。道家龙门派第七代祖师李长明的弟子郭守真接了盛京将军贴出的求雨告示，在盛京西北角城外的大坑（后为太清宫基址）处求雨成功，为表谢意，盛京将军在此修建道观留郭守真在盛京传道。关于这段太清宫由来的传说已无从考证真伪，但是从碑文等史料记载中，确实有祈雨建宫观的记载，盛京将军其人在历史上也确实存在，可见这个传说的真实性。从风水理论的角度看其选址，按道教的易经八卦学说分析，盛京城的西北为"生门"，是乾宫，意为天。此处虽然地势低洼，不若传统道观择址的山林之地的环境优良，但从风水学角度看，确实是城市中道家宫观基址的理想之地。

2. 毗邻郊野——择址郊区的寺观庙宇

择址郊区的寺观庙宇同属城市型寺庙。这类寺观庙宇基址位于城市近郊，其总体特征与处于城市中心的寺观庙宇一样，基本上都没有附属园林，但相较前者，受城市用地限制较小，外部环境更佳。

慈恩寺、般若寺、大佛寺、法轮寺选址于盛京城的近郊，其中慈恩寺、般若寺和大佛寺在城市的东南部，法轮寺位于城市的西北部。其中慈恩寺、般若寺和大佛寺这三个寺院相邻，都选址于盛京城的东南近郊的万泉河畔，形成了沈阳地区典型的汉传佛教寺院群。现在的三座寺院与城市主干道路相距一段距离，四周的民宅和绿地隔离了城市中的交通噪声，加之毗邻万泉河、万柳塘公园及河边带状公园（图5-2），显得寺院环境别有洞天。慈恩寺和般若寺仅相隔一条小巷，其西临近城市道路、南临市民活动广场、北有一片小型绿地。大佛寺南面是一处山门广场，因其三面被民居包围，是三个寺院中最为安静的。这三座汉传佛教寺庙建筑，依据其良好的地理位置和浓厚的宗教环境氛围，成为沈阳地区的佛教文化中心和游览胜地。

图5-2　慈恩寺、般若寺和大佛寺所在区位图

　　北塔法轮寺（图5-3）选址于盛京城北的近郊，是清初修建的四塔四寺中保存最为完好的一个。与法轮寺同时兴建的还有东塔永光寺、南塔广慈寺和西塔延寿寺，虽然其他三座佛塔附属寺庙未能完整保存下来，但因这四座塔寺的布局方式基本相似，可以从法轮寺的布局大致能够了解到其他三座塔寺的形态布局。站在风水学角度看四塔四寺的选址，非常符合易经八卦的说法，这四座寺庙的选址其实是象征着易经的"四象"，中心庙是易经中所说的"太极"，"太极生两仪"的"两仪"，分别为"钟楼"和"鼓楼"；"两仪生四象"的"四象"，就是四塔四寺；

图5-3　北塔法轮寺

"四象生八卦"的"八卦"，就是八座城门。现在的法轮寺周边环境与当初相比已经完全不同，其南面是北塔公园和宁山公园，其他三面是居民住宅区。法轮寺周围绿化环境良好，寺庙东面是一片松树林（图5-4），与广场结合作为进入寺庙的前导区，有着严肃而幽静的氛围，仿佛给前来朝拜的人群带来了心灵的净化。

图 5-4　北塔法轮寺周边景观环境

3. 倚仗山势——择址山林中的寺观庙宇

择址山林的寺观，多是属于山地型的建筑。这类寺观庙宇地址离城市较远，但因其依山就势，且选址基本都是临近水源，所以外部环境绝佳。这些山地类型的寺庙，有的拥有自己的附属园林，有的位于优美的风景区内，其景观环境相较前两者更加具有寺观园林的特征和韵味。

朝阳山朝阳寺是典型的山林型佛教寺院，位于沈阳市东陵区祝家镇北部的朝阳山上。朝阳山是浑河冲积平原上平地突起的一座小山（图 5-5），位于东北首家国家生态区东南生态旅游带上，它的地貌独特、林木茂盛、风光秀丽、四季景色怡人。寺庙承风水而建，因其朝向始定寺名。据寺内碑文记载，朝阳寺始建于唐代，经明、清、民国历代修葺过，曾为沈阳东南地区八庙之首，香火十分鼎盛。溯其寺庙建筑历史，据传已有一千三百余年，在沈阳汉传佛教的寺院中占有重要的地位。朝阳寺选址于朝阳山的山腰，虽地势为东向倾斜之势，但山势平缓。山下湿地汇聚成河，由河成湖，夏季莲叶接天。山上林木繁茂，植被种类繁多，地貌景观变化极为丰富。在这个生态和谐、风景优美的地方，生活着各种野生动植物和珍稀鸟类。朝阳寺的建筑随山势而建，寺院整体布局沿山势布置，层次分明。从风景园林学角度看，朝阳寺凭借朝阳山的自然地形的优势，形成了阶梯式的院落布局，其形势雄伟壮观。此外，良好的外部自然环境，也为信众提供了良好的修行空间，是信徒们净化心灵、修养身心的良好所在。此地离城市中心距离较远，位于沈阳市浑南新区的中间部位，交通还算便利，其周围十几公里内都是乡村和原野，景色优美。

图 5-5　朝阳寺的外围地形与环境

向阳寺选址于棋盘山北麓的秀湖风景区，其三面环山，北面为水库，寺院建在水库南岸，建筑依山势自然起伏，错落有致。向阳寺的选址符合风水学中的最佳选址要求：建筑依山而建，隐于树林之中，三面群山环绕，一面视线敞开，利用了良好的景观条件，并突出了神秘的宗教气氛。这样的做法满足了风景园林学和风水学理论中的围护与屏蔽的要求，形成了良好的微气候环境，使用者会感觉十分舒适。从地理学角度对寺院的环境进行分析也可以发现，基址的北向背山可以阻挡冬季寒冷的西北风，面水可以改善局部小气候，迎接夏季南来的凉风，冬暖夏凉，形成良好的外部环境条件。向阳寺靠山向阳而具有良好的小气候，加之靠近水源、树林，冬无寒风，夏无酷暑，为僧众和香客提供了良好的生活环境和景观氛围（图5-6、图5-7）。

图 5-6　向阳寺北部的秀湖　　　　　图 5-7　向阳寺的建筑与山峦

三、寺观庙宇的朝向特点

风水学是古代测定建筑方位的理论基础，一些宫殿和宗教建筑的建设之初都要进行用地的选址和方位的测定。古代的统治者重视建筑的择地和方向定位，常将其与立国安邦、天下太平联系起来。通过参观古迹和阅读史料文献可以知道，古代的很多宫殿的建筑都是坐北朝南，而宫殿建筑群和宗教建筑群大多以南北为主轴依次布置主要建筑物或构筑物。沈阳地区的寺观庙宇的朝向选择，由于地理气候原因，南向为主要的方向选择，但也有考虑周围自然条件和传统的风水学理论的影响，而选择朝东或朝西的方向，也就是说寺观布局是坐西朝东或坐东朝西的，下面分析沈阳寺院朝向的形成原因。

1. 坐北朝南

在沈阳地区，寺院布局坐北朝南的有长安寺、般若寺和大佛寺等，这些寺院地处平坦的城市之中，没有特别的可以影响建筑朝向以及寺院坐落方向的外部环境因素，因此寺院的布局朝向一般都选择坐北朝南方向进行修建。从东北地区气候和地理的角度分析，坐北朝南的方向，是适应于北方寒冷地区的常用建筑方位，这样的朝向可以在冬季背向寒风而面向暖阳，在夏季则能迎风纳凉。依照风水学理论，建筑和院落的入口是以南部为佳，所以寺庙院落的主入口一般都定位在南部，沈阳地区的平原寺庙的朝向特征基本遵循这一传统。

2. 坐西朝东

沈阳的朝阳寺和慈恩寺的周边地理环境变化较大，对寺院的建筑朝向和院落布局产生了较大影响，常规的坐北朝南布局已不适合，因此在寺院建设的时候更多地遵从风水学理论进行择址与建设。朝阳寺位于朝阳山的山腰，山的东面约 400 多米处有一条河流，按照风水理论中建筑要"背山面水"的原则，朝阳寺面东而建，朝向山的东面的风水气口处，形成良好的风水格局，所以朝阳寺的寺院布局是坐西朝东。

慈恩寺位于城市之中，基址的地势平坦，并无特别的地理环境影响。但慈恩寺东面距离不到 200 米远，是著名的万泉河，盛京八景之中的"万泉垂钓"和"花泊观莲"就在这里，按照风水理论，这里是风水气口处，适宜作为建筑群的朝向，因此是个绝佳的风水宝地。当年，站在慈恩寺的山门前，便可望到万泉河优美的景色，背倚雄城面朝秀水，由此可见，慈恩寺的建筑与院落布局是遵循风水学理论而选择坐西朝东的朝向。

沈阳的清真寺大多都位于伊斯兰教信徒聚居的区域范围内，清代盛京城内建立的几座，都是选址于小西关的回民聚居区。由于选址位于用地较为紧张的城内居住区，更易受到很多用地条件和周围环境等因素的限制，因此清真寺的建筑布局往往在不违背教义的前提下灵活安排。在朝向上清真寺都坐西朝东，这是因为无论清真寺的各个建筑如何布局，其礼拜大殿一般都呈坐西朝东布置，这是由于麦加城是伊斯兰教的圣地，位于中国的西方，而全世界的穆斯林礼拜时都朝向它，所以清真寺的拜殿内圣龛位于房间西部，人们礼拜时朝向圣龛也是朝向西方的圣地麦加。与中国的传统建筑相结合，清真寺的院落与建筑布局也就自然形成了坐西朝东的形式。

从上面的分析介绍可以看出，沈阳地区寺观庙宇的选址主要是以风水学理论和风景园林学的相关理论作为依据的。按照其所处位置，基址的特点可归纳为三类，即闹中取静——选址于城市中心的寺庙，毗邻郊野——选址于郊区的寺庙，倚仗山势——选址于山林中的寺庙。

择址于城市中心的寺观庙宇，是基于统治阶级的政治目的和个人信仰的需要，也是出于宗教自身发展和信众祭祀活动的需要，交通的便利也使得城市型的寺庙分布数量最多，择址于郊区的寺庙是因为相对便利的交通和较于城市中心更开阔的发展空间以及安静的环境氛围；选址于山林中的寺庙拥有良好的外部环境条件，如江河湖泊、泉流溪水、名山绝谷、清幽山林等，是理想的栖居环境，同时也满足了宗教信仰理念和文化内涵的需求。

综上所述，沈阳地区寺观庙宇的朝向确定既要考虑中国传统建筑的特点和朝向，更要通过风水学理论形成良好的内外景观环境，同时还要根据基址的地势与地貌，使其建筑和院落空间与地貌环境特征相适应。所以说，沈阳地区寺观布局与朝向的确定，基本上都是在顺应当地的地理气候特点、周边的自然环境与人文环境条件，并结合传统风水学理论和地形地貌特征等因素，最终确定下来的。

第六章　寺观庙宇的空间布局

沈阳地区的寺庙，无论是佛教寺院还是道教宫观，或是其他的宗教建筑以及民间崇拜神祇的场所，其所属建筑群的功能分区基本上都是包括三部分：建筑群前导区、宗教活动区和生活区（图6-1），这样的布局综合考虑了宗教敬奉仪式、神职人员的日常起居以及信众朝拜行为方式等不同的功能需求而形成。

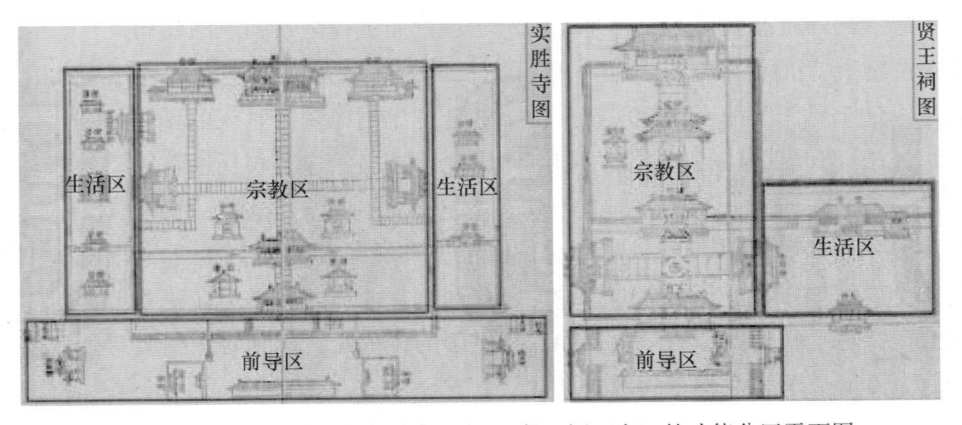

图6-1　《盛京通志》中实胜寺（左）、贤王祠（右）的功能分区平面图

一、寺观庙宇的功能分区

1. 建筑群前导区

佛教和道教的寺观建筑群前导区一般设置在山门之外。特别是位于山岳地区的寺观，前导区通常为风景优美的外部山林环境，拥有很长的香道，沿途风景幽美而庄重。位于城市内的寺观庙宇，建筑群前导区常常是城市广场、公园局部或城市道路，大多受到所在城市环境的影响，周围景观环境也因所处基址的不同而变化。

朝阳寺是沈阳地区典型的山地型寺院，其前导区是朝阳寺外部环境的一部分（图6-2）。利用天然的山林优势，通过园林手法，使寺庙外部空间和自然环境融合在一起。前导空间作为整个院落空间的前奏，是由凡尘到净土所需要的环境上的过渡与情绪上的调整，也是自"尘世凡界"通向"佛国净土"的转化所在，其外在表现形式主要为寺院周围的自然景观环境和园林化的寺前香道。般若寺是沈阳地区典型的城市型寺庙，前导区为山门南面的绿地广场，隶属于城市绿地，环境清幽怡人，为般若寺的佛教气氛起到了良好的烘托作用。位于般若寺北部的大佛寺，寺院的前导区则是一处具有中国传统文化风格的硬地广场，既为香客信众提供了朝拜的空间，也使得原本比较局促的大佛寺院落显得开阔了许多。

还有一些庙宇由于山门前用地空间局促，而将前导区置于寺院的院内，与院内的交通空间结合在一起。例如沈阳长安寺的前导区功能基本是由寺院山门通向天王殿的交通空间来承担的。这个空间采用对称的布局手法，形成了很强的引导性。进入长安寺山门后，两侧分别是观音堂和客堂，用于接待游客，在山门和天王殿之间的通道沿途种植高大植物，并设置香炉、石碑等宗教设施，结合两侧的钟鼓楼等宗教标志性建筑，形成了浓厚佛国氛围。

慈恩寺的前导区也是由山门通向天王殿这部分空间承担的。从平面布局来看，慈恩寺建筑布局及功能分区明确，基本可分为殿堂区、生活区、静修区等。作者在调研中发现，现在的慈恩寺和与之毗邻的般若寺都把宗教活动区和僧侣生活区较为严格地区分开来，使寺院在满足信众和香客们的朝拜活动的同时，减少僧侣与游客的过多接触，避免外界对僧侣日常生活的干扰，这样既能让信众与香客井然有序地朝拜和参观，也可使僧侣能够安静地进行清修，同时还满足了当代城市中游览观光的需求。这种分区形式很适合现在社会的发展变化，使寺院管理有序，效果很好，为当代寺院的建设提供了很好的借鉴，新建寺观庙宇大多采用了这种分区模式（图6-3～图6-5）。

图6-2　朝阳寺前导区

图6-3　向阳寺前导区

图6-4　蓬瀛宫前导区

图6-5　法轮寺前导区

2. 宗教活动区

宗教活动区是寺观庙宇中最主要的功能区域，是进行宗教祭祀、朝拜活动的场所，占据着寺院的中心和重要的区位，通常由供奉神像、举行宗教仪礼的殿、堂、塔、阁等建筑所组成。这些建筑体量高大雄伟，本身就成为主要的观赏对象和视距焦点，而园林景观在此则成为了陪衬。宗教活动区为了体现出神圣庄严气氛，在平面布局上常常采用对称规整的四合院或廊院型式，形成封闭静态的空间。例如，沈阳慈恩寺是四进院落，其宗教活动区主要位于第二、三进院落，由天王殿、大雄宝殿、比丘坛所在区域组成，形成佛教氛围浓厚的宗教活动空间。

沈阳长安寺共三进院落，宗教活动区主要包括第二进院落的大雄宝殿和东西配殿、第三进院落的极乐宝殿，这两部分占据着长安寺的寺院布局大部分。大雄宝殿在寺院中部偏后的位置，建筑体量高大，气势雄伟，其所在院落有四棵古树在院中对称布置，香炉置于大殿正前方处，是朝拜的主要空间（图6-6）。位于寺院最后部的极乐宝殿是进行"受戒"、"讲经"等宗教活动的地方，是僧侣们的活动场所。

沈阳朝阳寺也是三进院落，宗教活动区也是由第二进和第三进两个院落组成。第一部分区域由大雄宝殿、天王殿、药师殿和法物殿所在院落构成，主要进行朝拜等宗教活动。第二部分区域由三圣殿和白塔组成，是进行"受戒"、"诵经"等活动的宗教区域。两个院落因地势高低而被划分成不同空间，界限分明，互不影响。沈阳的蓬瀛宫也是三进院落，宗教活动区主要位于第二进院落（图6-7）。

图6-6　长安寺宗教区

图6-7　蓬瀛宫宗教区

3. 生活区

寺观庙宇内的生活区是僧侣平时生活休息的地方，也有很多寺观在此设置除方丈室、僧房、斋堂、厨房之外，供云游僧侣、香客、游人住宿的客房，并提供素食餐饮等服务。

慈恩寺的生活区分布在寺院后部的南北两侧厢房内，包括南侧厢房的后部。因为寺院知名度较高，以及城市旅游业的发展，香客和旅游观光的游客数量日益增多，对寺内僧侣的清修和日常生活产生了一定的影响。因此，将僧侣的生活区设置在较为安静的寺院后部，并在左右配殿后面建设了相应的生活设施。

沈阳般若寺的东院为僧侣生活区，采用僧侣的生活与宗教活动完全分开的模式，基本上不对外开放（图6-8），这种模式最大的好处就是朝拜、观光活动与僧侣生活互不影响。东院生活区的建筑空间尺度宜人，植物丰茂高大，景色安静优美，十分适合僧侣的清修生活起居。沈阳的清真南寺的神职人员生活区也是与宗教活动区分别设置的，生活区的景观更加平易近人，富有生活气息（图6-9）。

沈阳朝阳寺内没有专门为僧侣和香客提供住宿和餐饮的生活区域，而是将这一功能区域修建在朝阳山的山脚下，在这里提供接待、住宿和餐饮等服务。这种设置方式将宗教活动区和僧侣生活区完全分离开，使朝阳寺的宗教活动更加庄严肃穆，给信奉者提供了更加适合修行的佛教环境氛围。因地理位置原因，朝阳寺平日接待游客比较少，主要是周边居民前来进香朝拜，寺内的伽蓝殿是僧侣的诵经场所。

图6-8　慈恩寺僧侣生活区　　　　图6-9　清真南寺神职人员生活区

二、寺观庙宇的院落布局

在沈阳地区，由于佛教和道教的传入时间相较中原其他地区来说比较晚，因而寺观庙宇的建筑形式和空间布局较为简单，而且早期的佛寺布局形式并未在这个地区出现，如今流传下来的多为"伽蓝七堂制"的布局方式，或其演变形式。然而，由于沈阳地区的宗教类型多样（表6-1），其所属庙宇布局方式也受其影响。沈阳地区的佛教庙宇分为汉传佛教式和汉藏结合式两种形式，在现存寺观庙宇中，这两种形式的寺庙布局都不同程度地体现了宗教建筑规制的特点，强调轴线秩序、强调宗教文化体系，凸显佛教、道教混合倾向，再现宗教理想世界[1]。

沈阳地区的寺庙布局一般沿纵轴布置空间，由建筑形成院落，常常形成两进院落或三进院落。下面就沈阳地区现存的寺观庙宇布局及其院落的进数进行分类，并选取典型案例分别进行详细说明。

1　赵鸣，张洁 . 试论传统思想对我国寺庙园林布局的影响［J］. 中国园林，2004（09）：63-64.

表6-1　沈阳地区现存寺庙的布局类型统计表

宗教类别	名称	布局特点	群体布局方式	院落形式	布局特点
汉传佛教	慈恩寺	汉传佛教式	院落式	三进院落	中轴对称
	般若寺	汉传佛教式	院落式	两进院落	中轴对称
	大佛寺	汉传佛教式	院落式	两进院落	中轴对称
	朝阳寺	汉藏结合式	廊院式	三进院落	中轴对称
	长安寺	汉传佛教式	廊院式	三进院落	中轴对称
藏传佛教	实胜寺	汉藏结合式	院落式	两进院落	中轴对称
	北塔法轮寺	汉藏结合式	院落式	三进院落	中轴对称
	太平寺	汉藏结合式	院落式	两进院落	中轴对称
道教	太清宫		廊院式	四进院落	中轴对称
	蓬瀛宫		院落式	三进院落	中轴对称
伊斯兰教	清真南寺		院落式	三进院落	中轴对称
	清真东寺		院落式	一进院落	中轴对称

1. 四进院落

太清宫现占地50000多平方米，建筑面积5000多平方米，坐北朝南，四进院落。神殿建筑均为传统的硬山式建筑，呈南宽北窄的梯形，采用四合院式、中轴对称的建筑布局，东西对称，结构严谨。寺内建筑雕梁画栋，建筑彩绘、神祇塑像等具有浓郁的民间和地方风格（图6-10）。第一进院落，南为灵宫殿（原为山门），东侧为十方堂（其东现为太清宫东侧入口），西侧为云水堂，正北为关帝殿（图6-11）。第二进院落，东侧为客堂、省心堂，西侧有执事室、经堂，北面则为硬山灰瓦前后廊式的老君殿。第三进院落，东侧有斋堂、吕祖楼，西侧有善公洞、丘祖楼，北面正中为玉皇阁，丘祖楼与吕祖楼均为两层硬山式建筑。玉皇阁为两层硬山式，花雀脊，面阔3间，上层为廊式，东西墙上有灵宫和天官塑像及壁画。第四进院落内原有郭祖塔、碑楼，北面中间为法堂，碑楼内置有《郭真人碑记》一

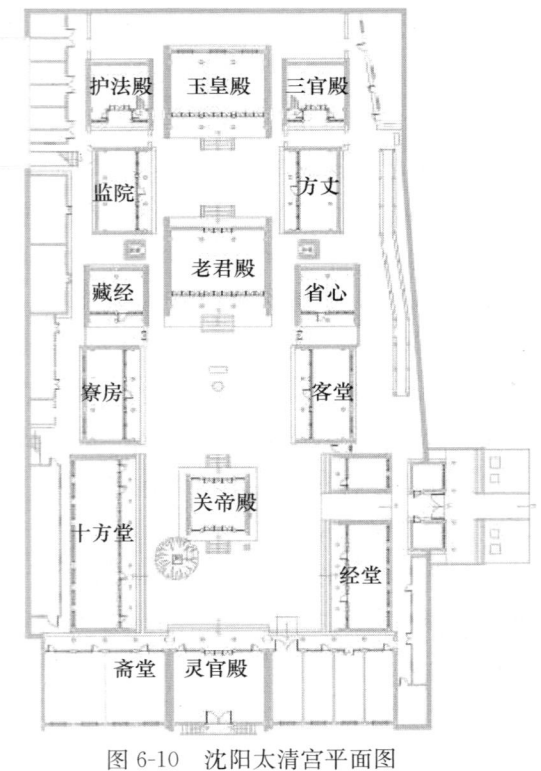

图6-10　沈阳太清宫平面图

方，法堂前两侧楼墙内嵌置《太清宫特建世系承志碑》、《玉皇阁碑记》石碑各一方。这些碑刻记载了太清宫的创建历史及前后诸位监院接替始末。目前，这座建筑和石碑均已无存。

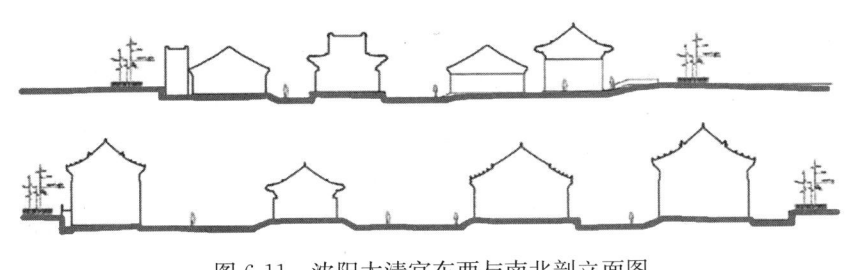

图 6-11　沈阳太清宫东西与南北剖立面图

慈恩寺内建筑共 135 间，寺院总面积约为 3000 平方米。慈恩寺寺院规模宏大，殿宇壮观，寺院建筑群坐西朝东，其总体布局合理。慈恩寺正面有山门 3 楹，进入山门，南北两侧间有钟楼、鼓楼，两楼皆为二层灰瓦歇山顶，平面呈方形。楼的一层设为基座，二层设有围廊，内悬钟鼓。寺内的建筑沿东西方向共分为三路，主要殿宇建筑位于中路轴线上，正中最前面的天王殿为起点，向后依次为大雄宝殿、比丘坛、藏经楼。比丘坛是寺内讲经传戒的场所，也是寺内最高大庄严的殿宇。比丘坛后是双层阁楼建筑的藏经楼，是寺院内的最高点，至此形成了中路建筑景观序列的高潮。寺院的南路自东向西有退寮居、厨房、司房、斋堂、禅堂、法师寮、佛学院等；北路建筑有养静寮、客堂、念佛堂、方丈室、十方堂、库房等（图 6-12）。整个寺院建筑气势雄伟，青松翠柏侍立，环境清幽不凡。

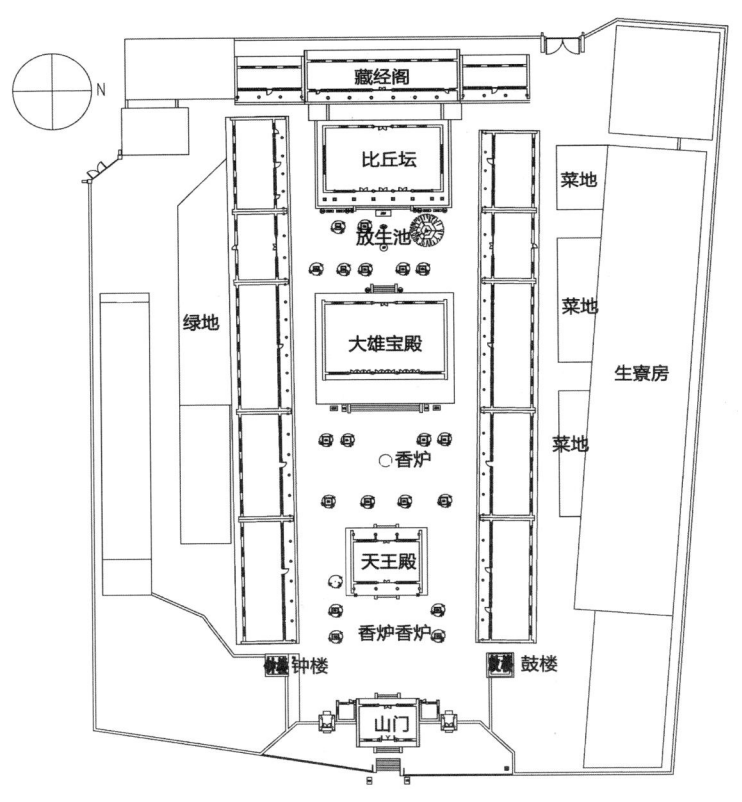

图 6-12　慈恩寺平面图（图片来源：自绘）

2. 三进院落

长安寺是一座汉传佛教庙宇，寺院坐北朝南，基址平面呈长方形，修复后的寺院占地面积 5200 平方米。长安寺四周廊以青砖围墙，共有三进院落，三座大殿，寺院的山门为三间，硬山式，青瓦顶，朱红地仗，东西各有角门一个（图 6-13、图 6-14）。进入山门，东西分别建钟鼓二楼，有砖砌台阶可至楼上，楼顶均为歇山式。

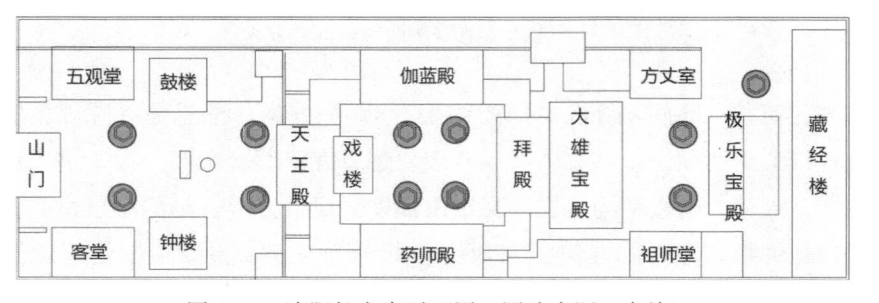

图 6-13　沈阳长安寺平面图（图片来源：自绘）

第一进院落北面正中为天王殿，面阔三间，进深一间。天王殿东西两侧各有砖墙与第二进院落相隔，但有角门相通进入第二进院落。紧邻天王殿后壁建有戏楼一座，二者相接几乎成为一体。戏楼的面阔小于天王殿的面阔，是长方形的一大间建筑，四角各有一根高大的朱红圆柱，上托檩、椽、斗拱，最上部是卷棚式屋顶。在第二进院内的正北是长安寺的主要建筑——大雄宝殿及拜殿，大殿为单檐歇山大木作式结构，面阔五间，进深三间，斗拱为三翘七踩，具有着明代建筑风格。紧接大殿的前部建有拜殿，面阔三间，进深一

图 6-14　沈阳长安寺的俯瞰图

间，斗拱为三昂七踩，卷棚屋顶，是烧香拜佛的殿堂。大雄宝殿和拜殿的东西两侧分别是五间配殿，设有伽蓝殿和药师殿。在四座建筑之间建有抄手回廊，把四座建筑联系在一起，颇具江南建筑特点。第三进院落内的正北为极乐宝殿，并有东西配殿各三间，大殿面阔五间，进深三间，殿内露明造，供有西方三圣，屋顶为单檐歇山式。在极乐宝殿的西北角有硬山前廊式的方丈室一座。长安寺内三大殿和配殿均施旋子彩画和苏式彩画，漆面均为朱红地仗。

3. 两进院落

沈阳般若寺是典型的东西向两进院落（图 6-15）的布局，现建筑占地面积约 3600 平方米，呈纵轴式布局。沿着主轴线依次分布着天王殿（兼山门功能）、大雄宝殿、藏经楼等。第一进院落内天王殿（山门）位于南部，面阔三间，硬山式出廊，灰瓦屋顶；大雄宝殿面阔五间，位于北部，东西各有厢房五间。第二进院落较小，轴线上的主要建筑是藏经楼，西有配殿五观堂。藏经楼两层高，面阔五间，硬山式屋顶，前面出廊。西配殿为两层硬山式出廊，黑瓦顶。东院是般若寺的生活区域，内有祖师殿一座，东西厢房成"品"字形，面阔皆为三间，硬山式，灰瓦屋顶。在祖师堂后面是新建的两层建筑，既是戒坛又是僧舍。

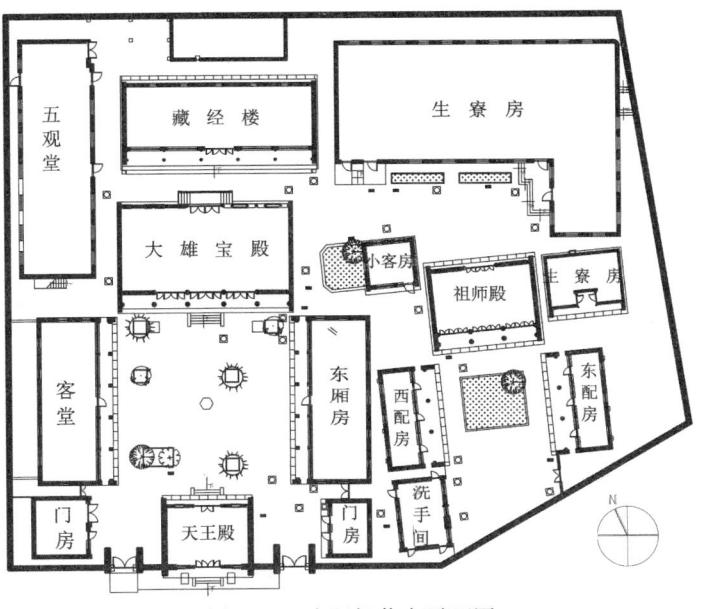

图 6-15　沈阳般若寺平面图

实胜寺是清初由皇家敕建的藏传佛教寺庙，被称作皇寺，又名"黄寺"。寺内殿宇辉煌，庄严肃穆，与其间的苍松翠柏共同形成了黄绿相映、浑然一体的景色。实胜寺占地面积约 7000 多平方米，平面布局呈长方形，坐北朝南，分前后两进院落。山门、天王殿、大雄宝殿沿着一条由南至北的中轴线依次排列（图 6-16）。

主轴线起点是实胜寺的山门，是面阔三间、硬山式、黄琉璃瓦绿剪边屋顶的建筑。清朝时期，在实胜寺的山门外，东西各有一个飞檐斗拱的木牌楼和旗杆，当时官员不论品级到此均须下马步行，故又称下马碑。进入山门，便是实胜寺的前院了，通道的左右两侧分别矗立着钟楼和鼓楼。钟楼内悬挂有千斤重的铁铸巨钟，每逢喇嘛敲钟报时时，钟声浑厚悠扬，晨起迎朝晖，傍晚送夕阳，声震盛京全城，因此，"皇寺鸣钟"荣膺当时著名的盛京八景之一。20 世纪初，辽宁著名诗人钱公来也写了一首和景观名同题的诗《黄寺鸣钟》："禅林敕建剧豪奢，金碧琳琅寺作衙。多少番僧翻贝叶，鸣钟伐鼓

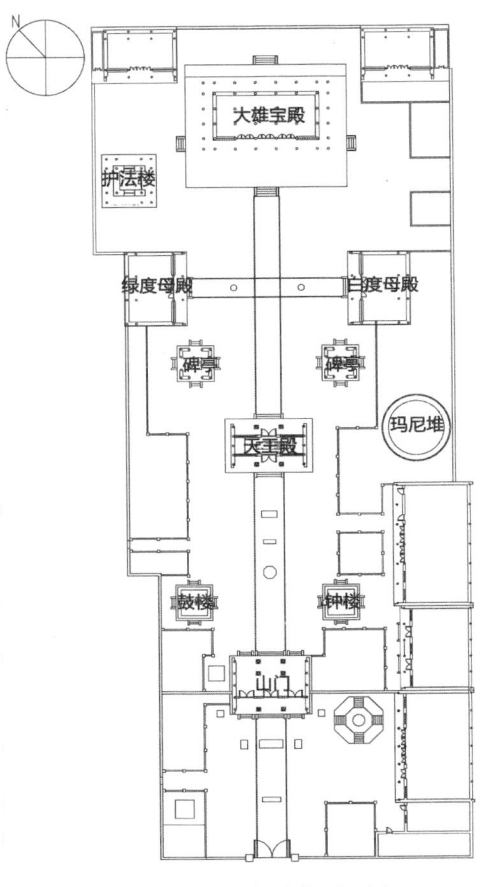

图 6-16　沈阳实胜寺平面图

度年华。"诗文既描绘了实胜寺的金碧辉煌的景色，又道出了实胜寺（皇寺）的声景观特点。第一进院落即是前院，中轴线上主殿为天王殿，建筑形式是满族常用的单廊硬山式三开间建筑；第二进院落中轴线上主殿是大雄宝殿，建筑面阔五间，屋顶为歇山式，屋瓦为黄琉璃绿剪边形式，与沈阳故宫屋面的形式相同，彰显出皇家寺庙的地位。在大殿的西北部还有一座相当重要的建筑——玛哈噶喇庙，又称玛哈噶喇佛楼（图 4-17），形成了实胜寺院内的又一座寺院。它虽是实胜寺院内的主体建筑之一，却又自成一体，构成了别具一格的庙中之庙。佛楼占地 25 平方米，基址平面为正方形，屋顶为歇山式，石砌台基，四周设廊，楼顶覆盖着黄琉璃瓦镶绿剪边。佛楼为上下两层，楼上原来供奉玛哈噶喇金佛一尊，楼下有供塔一座。

图 6-17　实胜寺玛哈噶喇佛楼

沈阳清真南寺也是一座两进院落的庙宇（图 6-18）。与佛教和道教的寺观布局不同的是，清真寺的布局特点为"有定制，无定式"，布局灵活多变，空间层次丰富有序。南寺的整个建筑组群虽有明确主轴线，但并不强求严格对称。建筑的空间序列沿轴线依次纵向展开为牌楼、大门、二门、礼拜大殿、邦克楼，主轴两侧的厢房则用作讲堂或办公用房。第一进院落是大门与二门之间的庭院，第二进院落是二门与礼拜大殿之间的庭院。水房、宿舍等辅助用房多设在大殿背后或旁边的庭院内，院内还布置有碑亭、水池等小品，体现出中国传统园林的一些布局特色。整个清真寺布局，既带有鲜明的中国传统建筑特色，同时又兼具有清真寺建筑特点。

通过以上的分析介绍可以看出，沈阳地区寺观庙宇的空间布局特点是从寺庙的功能分区、院落布局以及建筑朝向等三个方面总结的，重点在功能分区和院落布局上面。总地来说，沈阳地区的寺观庙宇大多遵循"北辰为尊"的思想，寺庙建筑呈坐北朝南方向布置，唯有慈恩寺的坐西朝东的布局是个特例，但出现这一特例的原因则是为了更加符合风水理

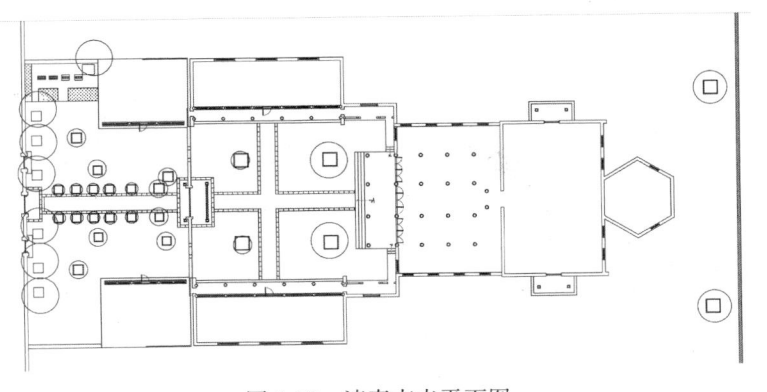

图 6-18 清真南寺平面图

　　论的要求，获得更加良好的地理与小气候环境。沈阳的清真寺也是呈坐西朝东的布局，形成的原因是按照伊斯兰教规的规定，不管清真寺中轴线朝向如何，礼拜正殿和殿内壁龛（圣龛）必须背向麦加（在中国为背向西方），以示跪拜朝向，因此沈阳的清真寺建筑布局基本上都是东西方向的。这些寺观庙宇在功能分区方面上，基本上都可分为建筑前导区、宗教活动区和生活区三部分。

　　不同的宗教类别，其庙宇庭院的空间布局特点也不尽相同。佛教寺庙基本采用"伽蓝七堂"制或其演变形式，也有部分寺庙的院落形式自由灵活，但都强调严格的中轴对称布局，主要建筑沿着中轴线依次排列，与两侧的配殿或厢庑形成第次进深的庭院空间，也使得建筑秩序严谨、院落层次分明，宗教氛围庄严而浓厚。道教宫观的建筑布局方式与佛寺布局方式并无太大差别，总体来说注重均衡与对称，其布局方式受儒教礼制所要求的"中轴对称、左右均衡、等级分明"的建筑规制，以及佛教寺院"伽蓝七堂"形式的影响颇深，在院落空间布局、景观要素构成以及意境营造方面都极富象征性和模式化的特点，是融中国传统的儒家文化、道家思想和佛教文化于其中的宫观建筑群。伊斯兰教的清真寺在建筑的布局方面更加灵活，采用的是"有定制，无定式"的建筑布局方式，建筑群的主轴线多为东西方向，虽然整个建筑组群有明确的主轴线，但并不强求轴线两侧建筑物或构筑物的严格对称，形成了既有中国传统四合院式的型制特点，又能满足伊斯兰教规要求的建筑与平面布局，并形成了丰富有序的空间层次和景观环境。

第七章　建筑景观与道路广场

《辞海》中关于"环境"的定义为：周围的地方，环绕所辖地区以及周围地区的自然条件和社会条件。本书中所指的"景观环境"是以寺庙建筑作为本体，从风景园林学的角度出发，涵盖了包括寺庙的选址环境、空间布局、建筑艺术、寺庙小品、植物景观等诸多方面的综合概念。

一、建筑与建筑景观的营造

建筑是界定空间的艺术，宗教建筑，诸如佛寺、道观、清真寺等作为寺庙景观环境中的主要构景元素，也同样起到了划分寺庙景观环境空间的作用，寺庙通过宗教建筑将空间划分为前导区、祭祀区、生活区。这些建筑景观经历几千年的变迁，记录了一座城市的发展历程，也反映了宗教神学思想和地域性的传统文化[1]。宗教建筑的建造技术和思想所蕴含的意义中，包含了浓厚的风水理论和深刻的理性思维。这种以宗教为主要内涵的场所，将宗教的观念、情感通过宗教的教义、仪式，以及建筑、园林、彩画等多种形式表达出来。在宗教建筑群空间布局的时候，需要从整体上考虑对于宗教气氛的表达，在单体宗教建筑的设计上要考虑对于在特定场所通过人的情感需求来确定建筑的地点或者方位，也希望能通过此种方式来引导宗教建筑群的景观轴线和院落空间布局。

宗教建筑在某种程度上需要从属性、物质、社会和情感四个方面考虑其特定的场所意义。在属性方面，宗教建筑的特有属性与人们建造建筑的空间意义有关，寺庙建筑的设计使人置身其间能够体会宗教精神与信仰，其建筑空间也同样具有精神意义。在物质层面，寺庙建筑会根据其特定的宗教内涵以及人的适宜尺度来确定其自身尺寸，人们置身其中能够感受建筑空间之间的交互体验；在社会层面，特别是在中国的古代，寺庙的建筑空间为人们提供了聚集与交流的公共场所，其景观环境空间也给人带来了身心愉悦的享受；在情感层面，寺庙的建筑空间为人们提供了一个情感表达交流的场所，在此可以倾述个人的物质与精神需求，且寺庙空间本身就具有感染人的精神的作用。

1　彭一刚. 建筑空间组合论［M］. 北京：中国建筑工业出版社，1998.

二、建筑布局

作者通过对沈阳地区现存的寺观庙宇进行调查研究，总结出沈阳地区寺观建筑的种类形式，其布局方式大同小异，几乎所有佛寺在中轴线上都设有山门、天王殿、大雄宝殿；具有一定规模的寺庙都设置有钟楼、鼓楼和藏经楼；大型藏传佛教寺庙内设有佛塔；而位于城市内的寺院大多都设有藏经楼，推测其原因可能是由于明清时期的沈阳城区内交通便利，为了方便宗教的传播，经文典籍等资料大多存放于城区内的寺观庙宇内。

1. 佛教寺庙

佛寺建筑类型自汉代开始演变至今，其中对后世影响最深的是宋代的"伽蓝七堂制"，在明清时期最终形成其标准型制，是由山门、天王殿、大雄宝殿、后殿、法堂、罗汉堂、观音殿七堂组成的建筑格局。这种布局规整有序，模式成熟稳定，建筑样式也更加完善。主要殿堂建筑沿中轴线布置，强调中轴对称，其中主体建筑气势巍峨雄伟[1]，僧堂普遍分为寮舍和斋堂，鼓楼取代藏经楼和钟楼对立，礼仪化特征更加鲜明。

沈阳地区的佛寺建筑基本可分为两类，即汉传佛教寺庙和藏传佛教寺庙。这两类寺庙发展到今天，在建筑类型和布局方面除建筑的名称和供奉的神灵有所不同，其他方面无较大差异。

2. 道教宫观

中国传统的大型道教宫观的建筑规制为：中路轴线的最前端设置影壁，其次是山门、幡杆、钟鼓楼、灵宫殿（有的背后为戏台）、玉皇殿、四御殿、三清殿，还有各自的祖师殿等。两侧一般为配殿、客堂、斋堂、执事房和道士住房等[2]。沈阳地区现存的道观建筑群多数规模较小，基本都不大符合传统大型道观的建筑规制，保存较为完整的是位于盛京方城西北角的太清宫，基本保留了传统道观的一般建筑规制。等级较高的道观往往是由帝王敕封的大宫观，山门前常建有棂星门、华表、石狮等，这种类型目前较为完整保留的是位于辽宁兴城古城内的孔庙，也是辽宁境内保存最好的由皇家敕建的道观。道教宫观规模等级决定了殿堂的数量以及建筑材料的质量，很多供奉地位较低神祇的道观，建筑规模和殿堂较小，构筑内容也相对简单，一般被称为庙。如位于沈阳故宫东北角的中心庙，只有围墙和一座大殿，在城郊或农村地区比较常见的财神庙、土地庙等建筑，也是如此。

3. 清真寺

沈阳地区清真寺的建筑类型基本包括望月楼和拜殿两种建筑形式，规模较大的清真寺如沈阳清真南寺的建筑有望月楼、大殿、礼拜大殿、遥殿、讲堂、经学堂、男女沐浴室、教长室等。调研中发现沈阳清真寺的建筑形式受佛教建筑和地方建筑的影响较大，地域性

---

1 李玲. 中国汉传佛教山地寺庙的环境研究［D］. 北京：北京林业大学，2012.

2 李养正. 道教概说［M］. 北京：中华书局，1989.

特征十分明显。明清时期建设的清真寺建筑体现了中国传统建筑文化与阿拉伯装饰艺术的融合，建筑一般采用传统的木构架结构。清真寺院落的平面布局多以礼拜大殿为中心，采取纵轴式院落型制，庭院多为数进，幽深肃穆，而在建筑装饰艺术上多采用阿拉伯文字与花卉图案，保留了阿拉伯建筑的装饰风格。

沈阳地区寺观庙宇按照建筑的功能和类型来分，有楼、阁、殿、堂、亭、斋、门、廊、牌坊等。其中，建筑的层数多为一层，少数是二层结构。其建筑类型概况见表7-1。

表7-1 沈阳地区现有寺庙建筑类型一览表

宗教类别	名称	楼阁	殿堂	亭、廊	大门、牌坊、照壁、戏台等
汉传佛教	慈恩寺	藏经楼、钟楼、鼓楼	大雄宝殿、天王殿、司堂、寮房、斋堂、禅堂、念佛堂	碑亭	山门
	般若寺	藏经楼	大雄宝殿、天王殿、配殿		门
	大佛寺	藏金阁	大雄宝殿、天王殿、地藏殿、诵经房、厢房		门牌坊
	朝阳寺	钟楼、鼓楼	大雄宝殿、仙人堂、天王殿、配殿		山门
	长安寺	藏经楼、钟楼、鼓楼	天王殿、拜殿、大殿、后殿	回廊碑亭	门、戏台（现毁）
藏传佛教	实胜寺	藏经楼、钟楼、鼓楼	天王殿、大殿、配殿、玛哈噶喇庙	碑亭	门、门牌坊
	北塔法轮寺		天王殿、大殿、配殿	碑亭	山门
道教	太清宫	吕祖楼、玉皇阁、碑楼	灵官殿、十方堂、客堂、省心室、经堂、老君殿、斋堂、法堂	廊	门
	蓬瀛宫	藏经楼、钟楼、鼓楼	大殿、七真殿、配殿		山门
清真教	清真南寺	望月楼	报厦、大殿、礼拜大殿、遥殿、讲堂、经学堂、男女沐浴室、教长室		山门、二门
	清真东寺	望月楼	拜殿		

三、建筑类型

中国传统的佛寺和道观的主体建筑特征经过各个朝代演变至今，除了建筑名称外已无较大差别，特别是沈阳地区由于佛教和道教传入的时间较晚，佛寺和道观的建筑与布局的差异更小，建筑反而受地域性文化的影响较大。沈阳地区的清真寺，因宗教教义和朝拜活动的特点，主体建筑的布局与佛寺和道观有一定区别。

沈阳地区的寺观庙宇发展至今，主要建筑的特征基本完全汉化，并且地域特征较为明显，因此本书对于这一部分内容不以宗教类别为分类标准，而是以主体建筑在寺院中的位置作为分类依据，进行简要分析和概括其主要特征。

1. 山门

山门是寺庙的正门，是寺庙内部与外界的分界线，一般寺庙的山门有三扇门，象征"三解脱门"，即"空门"、"无相门"和"无作门"。古代的寺庙为了避世多择址于山林之中，"山门"因此得名。如图 7-1 所示朝阳寺的山门就是典型的山地寺庙的山门。位于城市内的寺庙，山门多为殿堂式，有的寺庙山门有三扇门（图 7-2、图 7-5），现如今更多的只有一扇门（图 7-3、图 7-4），这些都可称之为山门。城市型寺庙的殿堂式山门建筑大多采用硬山式屋顶，铺灰色瓦，山门的装饰部分根据宗教类型与派别的不同而有所区别。

图 7-1　朝阳寺山门

图 7-2　清真南寺山门

图 7-3　太清宫山门

图 7-4　慈恩寺山门

图 7-5　北塔法轮寺山门

2. 主殿

佛寺中的天王殿基本都布局在寺院的中轴线上，位于山门和大雄宝殿之间（图 7-6）。沈阳地区寺庙的天王殿建筑一般都是采用硬山式、三开间的形式（图 7-7、图 7-8），殿内供奉四大天王，两两并列，分别置于大殿的两侧，建筑前后通透开门。

佛寺中的大雄宝殿是整个寺庙主体建筑中最为主要的建筑，一般位于佛寺中轴线中偏后的位置。沈阳地区汉传佛教寺院的大雄宝殿一般都采用硬山式建筑（图 7-9），现在复建和新建的大雄宝殿则多采用歇山顶式的建筑（图 7-10、图 7-11）。根据寺院的规模，大雄宝殿建筑有三开间和五开间两种，屋面铺灰色瓦顶，建筑巍峨，气势宏伟。大殿内外彩绘明艳华丽，内容寓意丰富。

图7-6　北塔法轮寺天王殿

图7-7　朝阳寺天王殿

图7-8　实胜寺天王殿

图7-9　朝阳寺大雄宝殿

图7-10　北塔法轮寺大雄宝殿

图7-11　向阳寺大雄宝殿

　　道观的主殿通常有老君殿、七真殿等，其建筑形式与佛教无明显区别。沈阳地区由于现存道观建筑数量较少，而且每座道观分属不同道教派别，供奉神祇和建筑布局不尽相同，因而其道观主殿名称和形式没有形成明显的共性特征。

3. 配殿

　　配殿建筑多是位于寺观庙宇的中轴线两侧，供奉神祇或做辅助用房。沈阳地区的寺庙中配殿多为3或5开间，建筑多为硬山式，屋顶为灰瓦铺成，而且配殿建筑的高度低于中轴线上主要建筑的高度（图7-12、图7-13）。佛教寺院中，东配殿一般为观音殿、药师殿、祖师殿、客堂等，西配殿一般有伽蓝殿、地藏殿、圆通殿、禅堂、五观堂等。

图 7-12　北塔法轮寺配殿　　　　　　　　图 7-13　慈恩寺的配殿

4. 藏经楼

藏经楼是佛教寺院中的建筑，一般位于寺庙的最后一进院落，是一座经库或者图书馆，存放各类经卷典籍，但不对外开放，在佛寺中的地位是仅次于佛殿的主要建筑（图 7-14～图 7-16）。现在一些寺庙藏经楼的使用功能并不是单一的作为图书经卷收藏之所，常常结合实际需要增加其他功用，如客堂、禅房等功能。藏经楼多是一幢楼阁建筑，位于佛教寺院的最后部分，也是寺院内最高的建筑。沈阳地区佛寺的藏经楼多采用硬山外廊式结构，也有简易歇山式的，灰色瓦顶，面阔从 3 到 11 间不等。

图 7-14　太清宫藏经楼　　　图 7-15　慈恩寺藏经楼　　　图 7-16　长安寺藏经楼

5. 钟楼与鼓楼

钟楼和鼓楼一般位于寺庙的第一进院落山门和天王殿之间，钟楼在左，鼓楼在右，分列中轴线的两侧，相对布置。其建筑形式一般为两层阁楼，底层为四面墙体或是基座，第二层四面通透，以四根立柱支撑，屋顶多为单檐歇山顶，铺灰色瓦（图 7-17～图 7-19）。钟楼和鼓楼的"晨钟暮鼓"，声音可传达到寺院内各个角落和周边的广大地区，提示僧侣们一天的开始和结束。钟声鼓声属于寺庙独有的特色景观，即寺庙的声景观，当年清盛京城的黄寺（实胜寺）因"黄寺鸣钟"，在当年被誉为"盛京八景"之一。

6. 邦克楼

邦克楼又称望月楼，是伊斯兰教清真寺中专门用作宣礼或确定斋戒月起迄日期和观察新月的建筑，是清真寺建筑的标志性建筑之一。沈阳地区清真寺的邦克楼为中式传统的楼阁式，以木构架砖砌结构为主，下面基座为方形，上为六角形或八角形阁式建筑（图7-20）。现代新建的清真寺中的邦克楼，有的是阿拉伯地区建筑形式，具有圆柱形伊斯兰建筑风格，为砖砌筒式结构。

图 7-17　朝阳寺钟楼　　图 7-18　蓬瀛宫鼓楼　　图 7-19　慈恩寺钟楼　　图 7-20　清真南寺邦克楼

四、建筑装饰

1. 屋顶

寺庙建筑作为寺庙园林中的构景元素，其本身就可成为独立观赏的一景，因此它的外部造型要求丰富多彩，而寺庙建筑的外部造型和屋顶关系很大，因此屋顶也是寺庙建筑装饰造型艺术中非常重要的构成因素之一[1]。沈阳地区寺观庙宇的屋顶作为寺庙建筑景观的一部分，其色彩和铺装形式丰富了寺庙的景观环境。

沈阳地区的宫殿建筑或由皇家敕建的宫观庙宇等建筑的屋面铺用黄琉璃瓦，坛庙和寺观按等级分别采用黄琉璃瓦绿剪边、绿琉璃瓦、灰筒瓦绿剪边混合等形式，等级最低者是民居采用的灰筒瓦。屋顶铺瓦的色彩是彰显建筑等级的重要标志，黄琉璃瓦屋顶最尊贵，为皇家敕建的寺庙建筑所专用，而坛庙、寺观按等级用黄琉璃瓦绿剪边、绿琉璃瓦、灰筒瓦绿剪边混合样式。坛庙和庙宇按等级秩序，色彩的强烈程度也递减而下，其中最普通的建筑用最低级别的灰筒瓦，色彩也相对最简单。

通过调研可以知道，沈阳地区寺观庙宇屋顶的形式主要有硬山式和歇山式两种，其中硬山式屋顶最为常见，其原因可能是寺庙在沈阳地区的建设发展过程中，受到地方民居建筑的影响，因此建筑屋顶多为硬山式。皇家敕建或者地方政府修建的寺观庙宇，因其地位较高，所以寺庙主建筑屋顶多为歇山式。实胜寺作为皇家敕建的寺庙，寺庙屋顶形式最为特殊（图7-21）。因其特殊的政治原因，寺庙地位较高，建筑等级也很高，主建筑采用的是重檐歇山顶，山门采用了歇山顶，东西配殿和时轮殿是用了硬山顶。实胜寺建筑的屋面分别采用黄琉璃瓦屋面、灰筒瓦屋面，以及灰筒瓦绿剪边屋面，屋面色彩分布与建筑等级一目了然。

───────────

1　王媛，路秉杰. 中国古代佛教建筑的场所特征［J］. 华中建筑，2000：131-133.

除了皇家敕建的实胜寺，沈阳地区其他的寺庙建筑屋顶几乎都是硬山式屋顶且为灰筒瓦屋面。与实胜寺相比，太清宫的主建筑关帝殿是歇山顶、前后廊式建筑，采用清灰瓦顶，正脊立面，垂脊有跑兽，两端有鸱吻（图7-22）。虽也是歇山顶的建筑，但因屋面瓦的颜色是平民所用灰色，可知当年寺庙的地位和建筑的等级远远低于实胜寺的。

图7-21　实胜寺大雄宝殿屋顶

图7-22　太清宫关帝殿屋顶

2. 彩画

　　彩画是中国传统建筑装饰中最突出的特征之一，最初在木质构件上面涂漆画材是为了木结构的防腐、防潮和防蛀之用，后来逐渐演变成建筑上必不可少的装饰。彩画因其精良的制作技术和独特的风格而具有良好的装饰艺术效果，成为传统古建艺术的精华之一。

　　中国北方地区传统建筑的彩画在色彩上的分配，是非常考究和慎重的。屋檐下阴影所掩映的部分，色彩多为冷色调；建筑的门、柱和墙壁则以丹赤为主要色调，与檐下的冷色调形成对比，与灰色或白色的台基相映衬，给红墙黄瓦一个间断。彩画的形式一般分为三类，有和玺彩画、旋子彩画和苏式彩画，其中和玺彩画等级最高，主要用于规格较高的皇家建筑，旋子彩画和苏式彩画等级次之，多用于次要宫殿、寺庙、园林中小型建筑、四合院住宅以及垂花门的额枋上面。

　　沈阳地区寺观庙宇的建筑彩绘体现着鲜明的东北地域文化特色，彩画的内容丰富，色彩艳丽，丰富了冬季北方园林的视觉观感，是北方园林建筑常用的色彩手法，也是园林景观的重要组成要素。沈阳地区寺庙的彩画多为旋子彩画和苏氏彩画，其中以旋子彩画为主（图7-23）。沈阳长安寺的建筑彩画大部分是旋子彩画和苏式彩画两种形式，主要表现内容为花鸟鱼虫和人物故事。太平寺的天王殿廊下的彩画内容生动有趣，有喷云吐雾的金色蛟龙、昂首探爪的蓝色麒麟、骑着银色大象的神童，有象征着子孙兴旺、国泰民安的百子图，还有象征纯洁、吉祥的莲花与牡丹花，以及各种佛像和宗教图案（图7-24）。太平寺的大雄宝殿檐下彩画为佛教内涵的各种图案，门上绘有宝轮、宝螺、伞盖、莲花、宝瓶、金鱼、盘长结等藏传佛教的佛家八宝，彩画色彩较为鲜艳明亮（图7-25、图7-26）。沈阳地区清真寺的装饰图案大多由阿拉伯经文、植物纹和几何纹构成，另外还有文字纹样，由阿拉伯文字图案化而构成的装饰性纹样，用在清真寺建筑的某一部分上，大多是古兰经中的句节，既用于建筑装饰，也用于对信众的信仰提醒。表7-2中的内容总结了沈阳地区寺庙中彩画的常用图示。

图 7-23　屋梁彩画（左）与檐板彩画（右）

图 7-24　苏式彩画（左）与壁画（右）

图 7-25　藻井（左）与雀替（右）的彩绘

图 7-26　额枋（左）与垂花门的柱头（右）彩画

表 7-2　沈阳地区的寺庙常用彩画形式

彩画名称	图示内容	历史典故
四灵图	九龙、鸟、兽、蛇	《周礼·考工记》中所说九龙、鸟、兽、蛇，即青龙、朱雀、白虎、玄武。蛇是龟蛇合体，称玄武。道教中以其武帝君作神来象征，同时也表东、南、西、北四个方位和青、朱、白、黑四种颜色
暗八仙	传说八仙手中所持之物：即扇子、宝剑、鱼鼓、玉板、葫芦、笛子、花篮和荷花	汉钟离、吕洞宾、张果老、曹国舅、铁拐李、韩湘子、蓝采和、何仙姑等八仙手中所持之物组成纹饰，寓意祝颂长寿之意
动植物诸图	鹤、鹿、蝙蝠、龟、狮、麒麟、龙、凤、鱼、水仙、松柏、灵芝、竹	象征长寿、富裕、仙、福、禄、友情、长生、君子、辟邪和祥瑞

五、寺庙与城市道路和广场

　　目前，沈阳地区的各类寺庙前面都设置了或大或小的城市广场，如沈阳的大佛寺、北塔法轮寺、太平寺、实胜寺等，究其原因，是随着时代的发展，寺庙原来的职能正在逐渐发生改变，由原来的单纯祭祀空间和城市公共建筑演变为集宗教祭祀、休闲、娱乐、旅游为一体的多功能城市综合空间。随着近年来宗教旅游的不断升温，香客和游人的数量逐渐增加，因此为了满足人们对空间的多项需求，城市广场这种开敞型公共空间的设置显得尤为重要。

　　从城市公共空间角度分析，寺庙前区的道路广场是城市开放空间的一部分，但具有与城市开放空间不同的特点，它具有地域文化的特征，体现了宗教文化的内容和影响。旧时的寺庙川流不息的人流与盛大的庙会，对城市及所在区域产生了影响，形成了城市历史与文化。在现代城市社会的发展中，传统寺庙因其历史和声名影响力所形成的寺庙前区开放空间，联系着建筑的传统空间与现代空间，也联系着历史与现代。置身于这一空间，更加容易感受到城市的历史与文脉，感受当地的风俗与文化，以及城市众生的生活方式和精神空间。

寺庙前的城市广场等公共空间，是指以寺庙为这一区域的重要节点，围绕寺庙辐射出具有城市生机活力的空间场，包括城市广场、街道、公园、绿地、河流、停车场以及其他所有的城市景观设施，形成以宗教、商业、娱乐、休闲、旅游等功能为主的城市空间区域（图 7-27）。寺庙前的城市广场还具有对寺庙入口的提示性功能，并体现着城市的肌理与文脉，影响着所在城市区域的变化与发展。

图 7-27　北塔法轮寺前广场

1. 材料选择

在寺庙内外部，道路广场材质的选择和铺设受寺庙等级高低和人流量的直接影响。最常见的铺砌材料有青砖、汉白玉、大理石、卵石、瓦烁等。沈阳地区寺庙原有的甬道铺装材料多为青砖，庭院内部铺地也多为不同规格的青砖或者红砖，现代随着建筑材料的丰富，更多种类的铺装材料被应用开了。

2. 铺地

铺地图案作为寺庙内的主要构景要素，也是宗教情感的一种表达方式，是通过铺地的颜色和样式来表现宗教礼仪的观念。以沈阳的道教宫观蓬瀛宫为例，观内的庭院铺地图案设计多为典型道教寓意的拼花图案，铺地的材料基本都选用石材，其自然素材所固有的自然纹理、粗糙的表面、不规则的形状具有人工难以模仿的天然美[1]。寺观庙宇中地面和道路的铺装形式和方法很多，但大多是通过朴实无华、充满变化的材料纹理，在简单中寻变化来协调寺观庙宇庄严肃穆的环境氛围。沈阳地区寺观庙宇中的铺地形式相较于中原地区，特别是江南古典园林中的铺地，形式和方法都比较简单，常用地面与道路的铺砌方法主要有甬路铺地、砖墁铺地、细墁铺地、十字路和鹅卵石铺地这几种方式，常用的纹样有席字纹、人字纹、套八方、十字缝、动物图案等（图 7-28）。

1　毛培林. 园林铺地设计［M］. 北京：中国林业出版社，2003.

黏土砖铺地

砌块砖铺地

碎石材质的道路

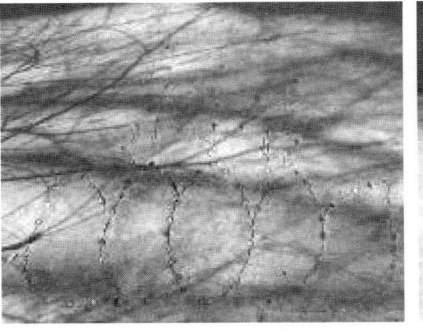
混凝土嵌鹅卵石铺地

混凝土饰面铺地

图 7-28　各种铺地材料及样式

　　寺观庙宇的道路与地面，其铺装图案及样式往往具有特定的宗教含义，例如，在去往寺庙的山路上，两三布置的象征苦难的石块，寓意着人们跨过苦难后会获得希望；在通往佛寺的道路或寺院内的地面，用石子拼成宝幡、莲花等佛教常用的图示，意为"步步生莲"，蕴含丰富的佛教意义和吉祥祝福。

第八章　植物景观的营造

植物是寺庙景观环境的重要的构成要素，在植物品种和植物配置方面，寺庙的植物景观相对于其他的园林类型内容较为简单，但是常常通过选择能够烘托宗教氛围的植物品种和植物配置方式，来加强寺观庙宇的景观环境气氛。比如，在佛寺内一般会在放生池内种植荷花和睡莲（图8-1），用以表达佛教的美好寓意、"出淤泥而不染"的高尚的情怀，以及觉悟成佛的智慧境界。

图 8-1　朝阳寺的荷花（左）、蓬瀛宫睡莲（右）

另外，园林植物丰实的外形、弯曲的枝干以及各种流畅的叶形与建筑物生硬的直线形成鲜明的对比，植物的栽植与配置大大弱化了寺庙建筑的生硬，也在某种程度上强化了寺庙景观环境所表达的宗教氛围。寺庙中植物的色彩调和了建筑物的色彩，并且可作为寺庙建筑的识别及导览作用。植物还可划分寺庙的空间布局，提高了寺庙各建筑之间的有机联系，以及遮挡不雅环境与景观。生硬的建筑物在优美植物的衬托下若隐若现，使寺庙建筑能更好地融入自然环境之中。

由于僧侣的日常生活的需求，寺庙中常常选择种植一些可观可食的植物品种，如桃李果树类、日常生活所需的蔬菜瓜果等（图8-2）。寺庙内的植物景观与宗教氛围相得益彰，也是寺庙园林景观的最重要的特色之一。

图 8-2　慈恩寺内的菜园
（图片来源：作者自摄）

一、寺庙植物选择

现代的寺庙不仅是作为宗教活动的场所，同时还兼具旅游、休闲、精神寄托或放松的社会服务特点。因此在植物景观构成和植物品种的选择上不仅要求满足宗教活动的功能，还要能够为观赏者提供赏心悦目的园林景观。因此，在植物品种的选择上，常常选用能够烘托宗教氛围、具有特殊象征意义并且能表达出家修行之人高尚情操的树种（表8-1）。

表 8-1　沈阳寺观庙宇中常见植物种类

序号	树种名称	宗教中的比喻或典故	植物种类
1	菩提树	觉悟（佛门三宝树之一）	乔木
2	荷花/睡莲	人人同具佛性	水生草本
3	苏铁	驱邪	裸子植物
4	银杏	佛教"圣树"	乔木
5	玉兰	与寿石组合，有必得其寿寓	落叶乔木
6	苹果树	与释迦牟尼修行有关	落叶乔木
7	桃树	驱邪	落叶小乔木
8	竹	"空""心无"（佛教教义象征）	禾草类植物
9	梅花	冰清玉洁	小乔木
10	香柏	健康与长寿	常绿乔木
11	椿树	长寿	落叶乔
12	罗汉松	健康与长寿	灌木
13	紫薇	驱邪	落叶灌木

最常见的有荷花、菩提树、银杏、玉兰、松、梅、竹、柿子树、核桃树等。但是，由于沈阳地处我国东北寒冷地区，受地理条件和气候条件的影响，菩提树、柿子树、竹、梅花等很多传统的庭院种植树种无法在此地生长。佛教寺院中种植的菩提树象征着智慧、觉悟、顿悟真理和达到超凡脱俗的境界，但中国北方的多数地区受地理气候限制不能栽植，常常选用银杏树来代替菩提树，以此来表达对佛祖的尊敬。从银杏树具有的植物特点分析，其生命周期较长，秋季叶子由绿变成金黄，丰富了寺庙的景观色彩。苹果树据说与释迦牟尼的修行有关，据佛教典籍的记载，青年时期的释迦牟尼在某次坐在苹果树下时，进入了谓之初禅的禅定境界，最后达到纯粹安定的心境。睡莲与莲花用来形容众生的差别，借此隐喻了"人人同具佛性"的观念。由于莲花与佛教的关系，因此各地寺庙中常设置莲花池。松柏类的常绿植物往往更符合宗教的幽静、神圣的宗教氛围，也是寺庙中种植最为普遍的基调植物。竹象征着佛教教义，竹子各支节之间的空心，体现了佛教"空"的具体形象。

寺观庙宇景观中的植物元素除了具有宗教象征意义，还兼具文人化的象征意义。比如寺庙中常栽植的玉兰，象征高尚品格和崇高理想；被称之为"岁寒三友"的松、竹、梅象征坚强、刚正的品格。其中，竹的姿态优美，梅花香气袭人，松树长青而生命周期长，三者都具有良好的观赏效果。

　　笔者通对沈阳地区具有代表性的寺观庙宇的调研，总结出沈阳地区寺庙中常见的植物品种（表8-2）。常见的乔木有油松、榆树、圆柏、香椿、刺松、五角枫、银杏；灌木有丁香、榆叶梅、连翘等；花卉有月季、牡丹、芍药等。很多寺庙还会种植蔬菜，并在建筑周边放置盆栽植物（图8-3）。

表 8-2　沈阳地区现有植物调查表

宗教类别	名称	植物名称	配置方式
汉传佛教	慈恩寺	油松、银杏、五角枫、睡莲、苏铁、丁香、各类蔬菜、刺松、桧柏	孤植、对植
	般若寺	国槐、香椿、刺松、油松、丁香、芍药、牡丹、地瓜花、月季	对植、孤植
	大佛寺	暴马丁香、红松、苏铁、时令花卉	孤植
	朝阳寺	油松、榆树（寺人称为古圣榆）、丁香、龙爪槐、水蜡、梓树、山杏、山楂树、月季	孤植、对植、行植
	长安寺	油松、国槐、银杏、金叶榆、五角枫、云杉	孤植、对植
藏传佛教	实胜寺	油松、国槐、丁香、水蜡、榆叶梅、龙爪槐	孤植、对植
	北塔法轮寺	油松、国槐、银杏、柳树、丁香、榆叶梅、金叶榆、桧柏	孤植、对植、群植
道教	太清宫	油松、苏铁	对植
	蓬瀛宫	油松、银杏、枣树、睡莲、山楂树、苏铁、银杏	孤植、对植
伊斯兰教	南清真寺	国槐、油松、梓树、梨树、榆树、紫丁香、银杏	孤植、对植

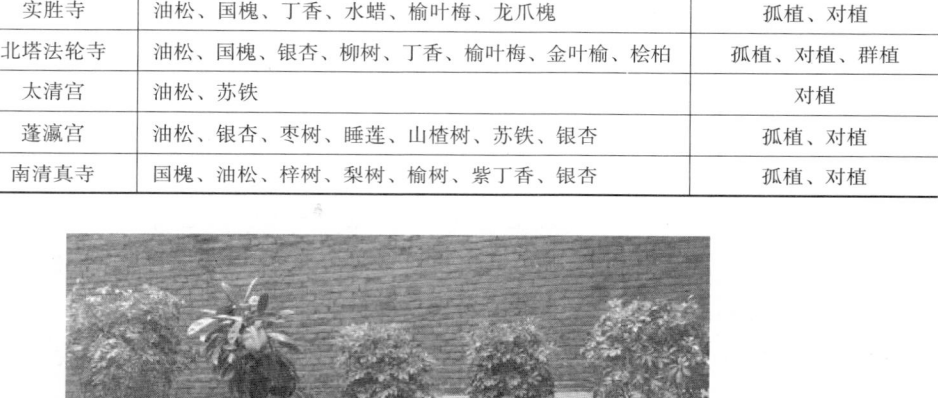

图 8-3　蓬瀛宫的盆栽植物景观（图片来源：作者自摄）

二、植物的配置方式

　　沈阳地区寺观庙宇中的植物景观，出于宗教活动功能的考虑，更多是用于烘托宗教氛围的庄严肃静，因此植物的配置方式多采用规则对称的形式，而较少灵活自由的布局。在寺庙的祭祀空间环境中，植物的配置方式多用对植、列植的方式来烘托所在空间严肃的气氛，而在寺庙的生活区内，植物品种和布置方式灵活多变，常采用孤植、群植或散点式种植等形式。

1. 孤植

孤植是选用单株树孤立种植，或将2～3株同一树种紧密地种在一起（必须是同一树种且栽植距离小于1米形成一个单元）[1]。孤植树作为局部空间的观赏中心常种植在寺庙院落重要祭祀空间内，以展示树木的个体美，凸显孤植树所在空间的重要地位。寺庙的孤植树通常选用树形高大、树姿优美、树冠荫浓、体态潇洒而且具有较强观赏性的树种（图8-4）。比如沈阳大佛寺内的暴马丁香树（图8-5），树姿优美，在花开季节，香气四溢。树木栽植在大佛寺祭祀空间的左侧（寺院内的园路也在左侧），通过孤植树的栽植一方面吸引香客的视线，另一方面引导其前进方向的选择，适宜在寺庙较小的空间内近距离观赏。另有一些寺庙中孤植的历经千百年的古树，成为了寺庙历史传承的见证，也是寺庙的主要观赏景点。沈阳朝阳寺大雄宝殿前面的松树和天王殿北侧的大榆树，这两棵古树树龄均在500年以上，其树形高大，树干粗壮，姿态优美，古老的树龄见证了朝阳寺的发展与兴衰。朝阳寺的榆树被称为"古圣榆"，松树被称为"菩提松"，寓意摒弃世俗贪婪、欲望等杂念，使人内心保持光明与觉悟（图8-6、图8-7）。

图8-4 般若寺杨树图

图8-5 大佛寺暴马丁香

图8-6 朝阳寺刺松

图8-7 朝阳寺油松

1 陈有民. 园林树木学［M］. 北京：中国林业出版社，1990.

2. 列植

列植是将乔木或灌木按照一定的直线或者曲线排列种植，树木呈行列式布置，其中列植又分为单列、双列两种形式。树木景观的这种布置方式具有强烈的空间引导性。列植是传统寺观庙宇中树木的主要种植配置方式。在沈阳地区的寺观庙宇，列植的植物常用在入口香道的两侧、院落两侧，或是寺庙院墙一侧。例如，朝阳寺从牌坊到山门的这一空间就采用了这种种植方式，一方面起到引导香客的前进路线、强化线性空间效果的作用，另一方面也强化了植物景观的线条美感。朝阳寺和吉祥寺位于院落中间甬道两侧的常绿植物通常采用剪形灌木，可以从视觉上引导香客从一个空间向另一个空间的过渡，并且能合理地划分寺院的建筑及不同的功能空间，并且具有引导功能和夹景的景观效果。植物景观还能起到使寺院建筑空间与各个功能区结构互相承接的作用，便于构成和谐统一的有机整体。例如，沈阳清真南寺的第一进院落，在通往主院的甬道两侧栽植有高大常绿乔木圆柏，其作用是引导行走方向，同时安神静心，并为寺庙营造良好的内部景观环境，同时形成寺院内安静、神秘的宗教氛围（图8-8）。蓬瀛宫主院内列植的松树与银杏，与其他植物一起营造出道家仙境的氛围（图8-9）。

图8-8　清真南寺列植的圆柏

图8-9　蓬瀛宫列植的银杏和油松

3. 对植

对植是选用两颗种类相同、规格相近树种，按照一定的距离相互对称的种植方式。沈阳地区寺观庙宇的庭院中这种配置方式的植物景观常用来强调道路、广场和建筑的入口处，或者是用在寺庙的主要祭祀空间和主殿前。对植的植物种类常选用高大乔木，用来装饰和烘托宗教的氛围，形成严肃安静的环境气氛。如清真南寺圣殿前对植的油松，郁郁葱葱，渲染出一种庄严、肃穆和神圣的氛围（图8-10）。无论是孤植、列植、对植，每一种种植方式的植物的配植方式都要与寺庙内主要建筑与庭院空间中的严谨的建筑布局、规整的庭院环境相得益彰。

图8-10　清真南寺主殿前梓树

4. 丛植

丛植是指多株树木成群搭配种植在一起，形成完整的植物群落景观，丛植有利于塑造植物群体的综合美感。若寺庙的院落面积较大，主要依靠单一树种显然无法营造出寺庙的园林化环境，因此要在寺庙内植物景观的合适位置，选用丛植的栽植方式。寺庙内的植物景观丛植的植物品种可以是单一树种，也可以是多种植物搭配种植。例如，长安寺钟楼的北面是由单一松树组成的丛植植物景观，而鼓楼的北侧由油松、银杏、五角枫和金叶榆搭配种植，不但提高了寺院的绿化率，隔绝了外面的视觉环境和噪声环境，还营造了良好的庭院植物景观和季相景观效果（图8-11）；慈恩寺的伽蓝殿南面，采用的是乔灌草混合搭配的植物丛植群落，其种植方式自由灵活，营造出了起伏变化、空间序列感较强的庭院环境；而朝阳寺内的丛植景观是剪形绿篱与小乔木和花灌木的组合（图8-12），法轮寺的丛植景观则是一小片松林（图8-13）。

图 8-11　长安寺内丛植植物

图 8-12　朝阳寺的丛植景观

图 8-13　法轮寺的松林

5. 群植

由十几株到几十株的乔木或者混合灌木栽植的形式被称为群植，其对树种的选用要求不必单一，但要求树林整体形象的统一和变化，在多树的寺观庙宇景观环境中大多以松柏来展现这一景致。如沈阳北塔法轮寺东侧的墙外栽植有大片油松，松色苍翠，景致极佳，这部分植物形成的景观空间被作为法轮寺的前导空间，彰显出法轮寺（图 8-14）神圣庄严的气氛。从宗教意义分析，群植的油松林景观使朝拜的香客在进入寺庙的过程中感受到由"尘世"到"圣地"氛围的转换，通过环境上的过渡对观赏者的情绪产生了积极的影响。

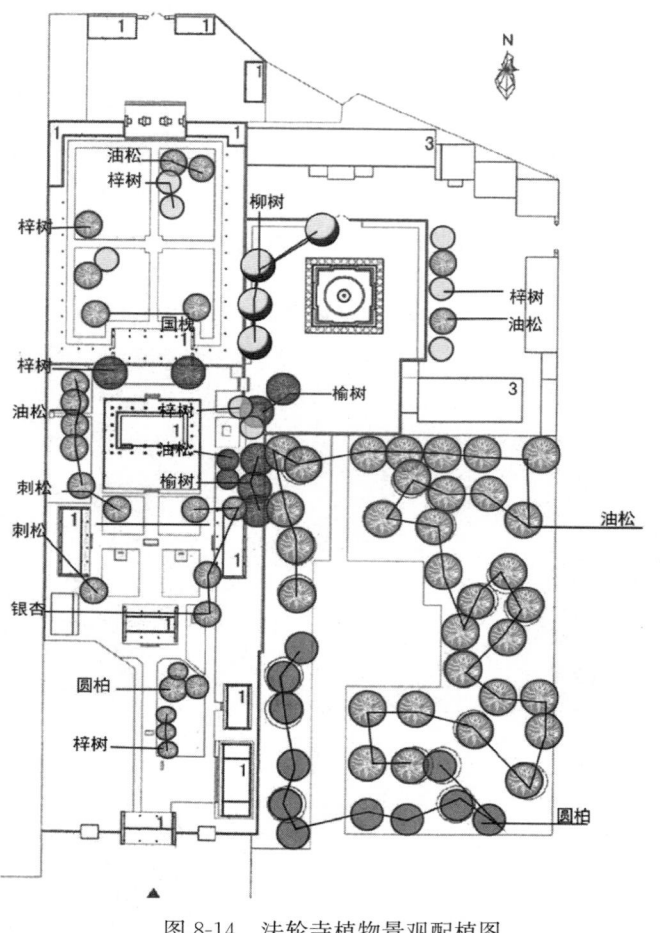

图 8-14　法轮寺植物景观配植图

三、植物的空间塑造

寺观庙宇中植物景观空间的营造是科学性和艺术性的统一，需要通过科学的养护管理和艺术的栽植配置，方能形成良好的环境与景观效果。

寺庙的入口是具有引导性质的空间，为了吸引香客和指示通行方向，可以利用植物序列来指示前行的目的地和营造幽深的氛围。而在寺庙主要宗教活动和祭祀空间，一般多选用松、柏、银杏等植物品种，通过孤植或对植的方式，以叶茂荫浓的植物景观来烘托寺庙宁静、神圣的宗教氛围。在寺庙的生活区域和空间，植物的选择较为多样化，既有如银杏、五角枫、香椿、松柏、各类花卉等观赏性植物，也有如梨树、苹果树、蔬菜等经济类植物。这样不仅满足了寺庙僧侣的日常生活需要，又富有生活的情趣，更体现了禅房花木深的宗教意境（图8-15）。很多寺庙内的园路，结合孤植、对植、列植、丛植等植物配置种植方式，常被用来意指佛学的禅境，用以形成丰富的寺庙园林景观环境空间，并兼有作为禅修、悟道空间的功能。在北方的寺庙植物景观中，多见油松、圆柏、侧柏、桧柏等常绿植物，槐、丁香等香花品种（图8-16）。山林型的寺庙，要么处于山体顶端，要么被群山环抱，或是在林木掩映之中。这类寺庙依山布局，周围景观林木幽深，有小桥流水和泉池掩映，植物景观丰富。沈阳朝阳寺处于山体的顶端，整个寺院依山势布置，有茂密树木环绕周围，行至山前也很难看到山上寺庙（图8-17）。而位于棋盘山的向阳寺位于群山环绕之间，寺院内外古木交柯，仿佛与山林融为一体（图8-18）。

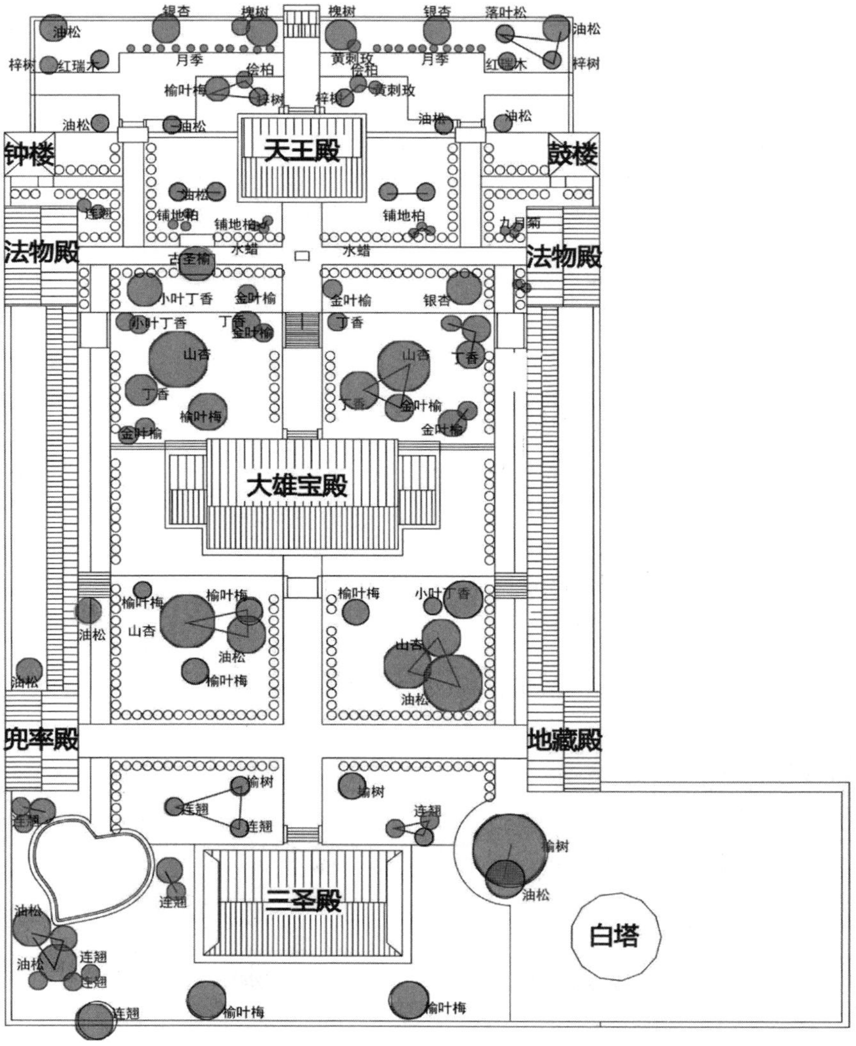

图 8-15　朝阳寺植物景观配置图

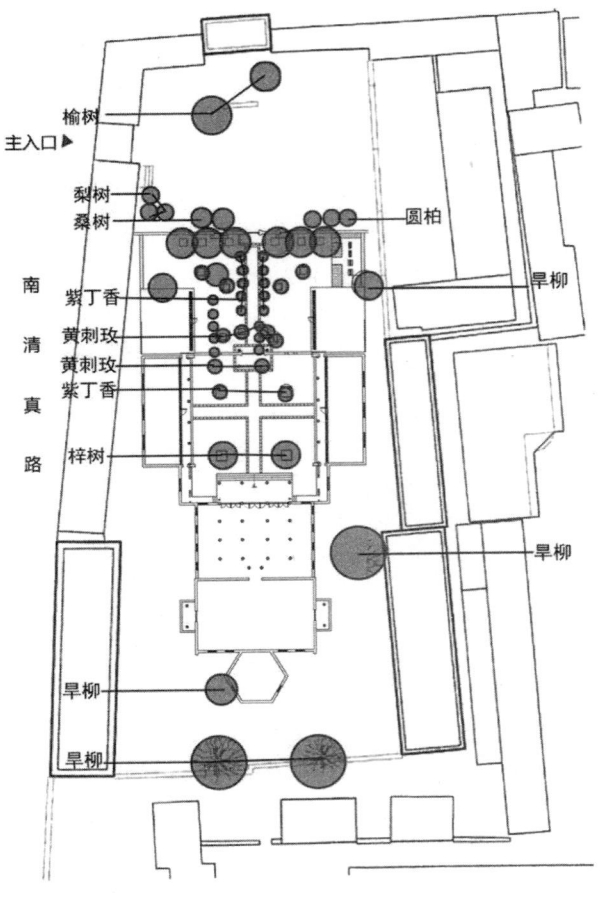

图 8-16　沈阳清真南寺植物景观配置图

图 8-17　朝阳寺外的荷花池

图 8-18　棋盘山向阳寺周边山景

四、寺观庙宇中古树名木的保护

沈阳地区现存的很多寺庙都是经过多次重建、改建或者恢复的，很多已非初始的建筑，但是寺庙中的古树名木却多是原生，正所谓"寺老不无树，有树更古拙"，在很多寺院里有着已经生长上百年甚至更长时间的古松、古柏、古槐等古树，而一些寺庙也以古树名木而闻名于世，到如今，这些古树名木已成为自然文化遗产中的瑰宝。例如，在沈阳的朝阳寺中有很多著名的古树名木（图 8-19），山上百年以上的松树数量有 12 棵，另有百年以上的蒙古栎 3 棵，百年以上的桑树 2 株。寺院内部的菩提松树龄据说已近千年，它的纹路及树皮、树干、树形已宛如石化，比沈阳昭陵和福陵的古松树树龄要长。小叶朴，也被称作北方菩提树，树龄在 500 年以上，在其周围还生长着五六棵百年以上的小叶朴。朝阳寺中的两棵兄弟树及"连理枝"的树龄也都在百年以上。

图 8-19　朝阳寺内的古树名木

在对寺观庙宇的园林植物景观进行营造时，需要考虑与古树的保护和养护相结合。例如，利用透气透水的地面铺装材料，既丰富了庭院景观的铺装形式，又能补充和保持自然水土，有利于古树的良好生长。其次为了减少硬质铺装对古树根系的伤害，也可以将古树下裸露的土地种上丰富的地被植物，亦能形成良好的植物景观效果。另外，装饰性的古树围栏，在保护古树的同时也具有一定的观赏作用。

第九章　宗教景观小品

　　寺观庙宇的宗教建筑景观和宗教小品，既要在选材上严格要求，也要在装饰上工艺精美，其所展示的不仅是美学特征，更重要的是在这些景观建筑与小品中所蕴含的浓厚的历史文化底蕴。宗教小品的设置，除了具有自身的使用功能外，还可以通过合理布置与其他景观进行组景，形成无形的空间界限，并帮助和引导参观者在心理上接受和理解并完成各个功能空间的过渡。寺庙的宗教建筑景观与小品通过托物言志的艺术手法表达了宗教思想的文化艺术内涵。牌楼、石碑、石刻、香炉、石兽等宗教小品给寺庙增添了一份既肃穆神圣，又活泼亲切的宗教氛围。宗教特色小品对于寺观庙宇的景观环境来说，虽不是主体，但在物质功能和环境艺术组成等方面却起着重要的作用。

一、建筑小品

1. 牌坊

　　牌坊，是旧时官方的称呼，民间常常俗称为牌楼。常见的牌楼有木牌楼、石牌楼和水泥牌楼。它由棂星门衍变而来，是在封建社会中用以表彰德政以及忠孝、功勋、科第所立的建筑物，多建于宫苑、寺庙、陵墓、衙署和街道路口等地方。当年，在沈阳的实胜寺门前的牌楼非常著名，显示了寺庙不同寻常的地位，并彰显着皇家的恩宠。走近实胜寺，牌坊是最先进入人们视线的建筑，起着引导与指示的作用，是具有入口标志作用的特色建筑小品。这些位于寺观庙宇门前的牌坊形成了寺庙建筑的前导空间，亦是寺庙景观环境开端的重要节点（图9-1）。

图 9-1　实胜寺牌楼旧照

寺观庙宇所属的牌坊一般位于山门的前端，其作用是扩大寺观庙宇的前导空间，从而使寺庙更加壮观。还有牌坊建于寺庙内部，通常位于大雄宝殿之前，这种牌坊一般为三间，一高两低，以木枋为多。还有一些牌坊的位置在寺庙的东西两侧，例如，建于清初的盛京明刹实胜寺，就在寺院的东西两侧各建有木牌楼两处，因寺院为皇家敕建，所建牌楼也属于当时规模等级最高的牌楼，而其他寺院的牌楼则皆为木牌楼且结构相对简单（图9-2、图9-3）。

图9-2　小西关外实胜寺正门旧照

图9-3　狐仙洞牌坊旧照

　　笔者在调研中发现，因年代久远，绝大多数寺观原有的木牌楼没有保存下来，而现代复建的牌楼多为石牌楼或者是仿木结构的牌楼（图9-4～图9-7）。寺观庙宇的牌楼形象易于使人们产生神圣的空间体验，强调由外到内、由俗到神的感受，是形成宗教空间、渲染宗教气氛的重要表征物。

图9-4　大佛寺广场牌楼

图9-5　实胜寺牌楼（今）

图9-6　蓬瀛宫前牌楼

图9-7　北塔法轮寺庙门牌坊

2. 影壁

影壁，是道观最常见的宗教建筑景观之一，不仅具有用来装饰道教宫观院落景观环境的作用，还能烘托出神秘的宗教气氛。影壁一般设置在寺庙大门后的院落内，起到阻挡外部视线的作用，并用以收束视野，把人从世俗情景的欣赏中带入到宗教的景观和空间中来（图9-8）。在宗教意义上，影壁最初的含义是道家的"避魔"和"驱邪"，阻挡外界的一切"鬼魅邪气"；在功能上，影壁用以遮挡外人的视线，提高空间的私密性，因此影壁在功能上和宗教意义上也相得益彰[1]。

沈阳地区的道教宫观只有蓬瀛宫在正对山门的入口处设置了影壁，起着引导空间的过渡作用。但出于城市用地紧张的原因，影壁与山门未能处于同一轴线上。影壁后侧是道观的生活区，影壁的设置使得道观的生活区和宗教活动区得到很好的隔离。这座影壁位置的设置并不符合传统道观规制的设置，但在功能上却起到了很好的空间分隔作用。而与山门位于同一轴线上的影壁，外侧现在是城市居民区，虽使道观平面布局上的规制更加完整，但却没有实际的功能和作用。

影壁作为寺观庙宇中的建筑景观发展演变至今，已经发生了许多改变，大多数的寺观并未按照严格的宗教建筑规制进行影壁的布置，更多地是保留其功能上的作用。近年修复或者重建的寺庙建筑，如沈阳的清真南寺（图9-9）、中华寺等都在寺庙入口处设置了影壁。

图9-8　蓬瀛宫的影壁

图9-9　南清真寺的影壁

二、宗教小品

1. 经幢

经幢是佛教寺院中的一种极具特色的宗教景观，材料多为石质，一般有圆柱形、六角形和八角形。经幢大多由基座、幢身和幢顶三部分组成，幢身刻有经文，基座和幢顶则雕饰花卉、云纹等佛教常用装饰形象。沈阳地区的经幢有两种，其中一种形式的经幢与佛塔样式相似，常用花岗岩等石质材料，雕成六角石柱，石上刻有经文，幢身呈石柱形竖立于须弥座之

1　李欣韵. 成都代表性道教宫观环境研究初探［D］. 北京：北京林业大学，2014.

上，经幢的顶端盖有宝顶（图9-10）。另外一种形式的经幢是石柱结构带有雕饰的小石塔，形象庄严神圣（图9-11）。经幢在造型上受古代印度建筑的影响，方圆相间，形象鲜明。

图9-10　慈恩寺经幢　　　　　图9-11　法轮寺经幢

2. 玛尼堆、转经筒

玛尼堆是藏传佛教典型的宗教景观，是以石块和石板垒成的祭坛，也被称为"神堆"（图9-12）。石块和石板上刻有六字真言、慧眼、神像造像、各种吉祥图案，玛尼堆内还藏有阻止秽恶、禳除灾难、祈祷吉祥的经文，并有五谷杂粮、金银珠宝、宝瓶及镇邪咒文。玛尼堆也寓意着得一切福德寿命，消除一切世间灾难。

转经筒是藏传佛教寺庙的特色可触动的宗教圣物，也可以看作寺庙内的宗教景观小品。沈阳北塔法轮寺的转经筒围绕佛塔一周布置（图9-13），来此朝拜的信众会顺时针走过并用手拨动，使它们随着念诵的六字真言一起转动起来。人们认为转经就相当于念经，是忏悔往事、消灾避难、修积功德的最好方式。这些景观小品的设置引导了寺庙中人的行为互动，是人与环境互动的宗教景观小品。

图9-12　北塔法轮寺内的玛尼堆　　　　图9-13　北塔法轮寺的转经筒

3. 香炉

香炉是寺观庙宇中的必备之物，是中国寺庙中承受香火的地方。特别是在佛教和道教的寺观中，常被放置于寺庙的祭祀活动空间内。沈阳地区的寺观庙宇中各类香炉的形式、规格和材料不尽相同，炉身一般刻有各自祥瑞图案和题字，总地来说，香炉的形式、材料和大小体现了寺庙的地位等级和宗教制度（图9-14）。

图 9-14　寺庙中的各种香炉造型

放置香炉的位置一般在寺观的主殿前，中轴线上，正对着殿内中央的佛像。沈阳地区寺观庙宇中常见的香炉形式有宝塔式、鼎式单层或者双层、楼阁式、三足式、宣德式和口头式等多种形式。位于佛寺大雄宝殿前的香炉造型相对较为复杂，常选用多层楼阁式，香炉的下部多为圆形，炉身为六边形并刻有寺庙名称，炉身两边有两耳为把手，顶端为六角攒尖顶，整体形式如同佛塔。香炉不仅仅是寺庙中独立的有观赏性的景观小品，还有一定的纪念和象征意义，并且营造出浓厚的宗教气氛，其主要功能用于燃香。

三、其他小品

1. 石兽

石狮是寺庙中最常见的神兽形象，也可以看作是寺观庙宇中的景观小品，多数放置于寺庙山门两侧，属于艺术雕刻品，起着避邪、预卜、彰显权势地位和入口装饰等作用（图9-15）。

石兽主要有麒麟、狮子、牛、羊等，其中狮为百兽之王，放在寺观庙宇门前以示神威。放置在山门前的一对石狮一般分别为一雄一雌，雄狮置于大门的东侧，右爪下踏一绣球，象征无限神权；雌狮置于大门西侧，左爪抚着幼兽，象征寺庙的兴盛。石兽的设置寄托了人们对吉祥、幸福、好运、财富和长寿的向往，是世俗百姓对生活的美好期望和理想的写照，体现了人们的审美情趣，反映了中国传统文化的趋利避害思想和民俗文化的内涵，是沈阳寺庙宗教景观环境中的特色景观小品。

图9-15　形象各异的石狮子

2. 日晷

日晷通常由铜制的晷针和石制的晷面组成赤道日晷。晷针安放在石台上，呈南高北低形态，与晷面垂直，而晷面平行于天赤道面，这样，晷针的上端正好指向北天极，下端正好指向南天极。沈阳地区寺庙中日晷并不常见，只在太清宫有一石制日晷（图9-16），分析其原因可能是日晷多见于有一定规模的寺庙，由此可见沈阳地区的寺庙大多数没有达到较高的规格等级。

3. 石碑、石刻

石碑与碑刻也是我国寺观庙宇中最常见的雕刻景观和宗教小品。石刻，是佛寺建筑中常用的叙事、记录、颂德的方式。早期寺庙石刻的许多功能，主要用在记录建筑工程勘察过程、寺庙相关历史记载和相关人文典故等方面，一般在石刻铭文中描述寺庙建筑的时间、地点、原因等内容。石碑因其材料的耐久性，虽历经千年而依然伫立，或精美，或古朴，或仅余断碣残碑，无声地见证着寺观的历史沧桑（图9-17）。

图9-16　太清宫日晷

图 9-17　各个年代的石碑

4. 牌匾

　　牌匾是寺庙建筑中随处可见的传统形式的文化景观，也是寺观庙宇景观环境中直接以文字表达宗教文化的人文景观。牌匾的作用和功能很多，既能言简意赅地题写殿名或者庙名，有的还能直接道出寺庙的发展历史，也有的牌匾以对联的形式进行景观意境的表达。在寺庙殿堂中悬挂的牌匾中的文字能够准确地表达出美好愿景和宗教寓意，对寺观建筑和庭院景观环境都起到文字点景的作用，大大增加了寺观庙宇的文化意蕴。比如沈阳长安寺中的牌匾文字有"风调雨顺"、"国泰民安"、"吉星高照"、"慈云法雨"、"慈航普度"、"大圆镜智"、"佛法无边"等内容，表达了人们的美好希望和愿景。这些牌匾不但构成了寺庙景观环境中的特色小品客体和寺庙的宗教意境，同时也深化了所在环境的景观深意，对所构成的景观起到画龙点睛的作用。

第十章 景观空间序列

中国传统的园林中空间处理的手法很多，但目的都是最大程度地展现院落的美景和园林的意蕴。景观的空间序列就是在一定的游览路线上，按照前后次序进行连续性的景观展示，构成了类似于中国画的景观序列，使得人们在游览参观时步移景异，能够体会时空变化的流动美[1]。沈阳地区城市型寺观庙宇的景观环境，其院落空间处理的手法特点是一个院落接一个院落地依次展开景观空间，呈现出严格的中轴对称式布局。而山地寺庙凭借其外部自然环境的优越，其寺观建筑群的整体景观内外环境更为丰富，更富有自然情趣和变化：寺庙依山而建，建筑之间彼此呼应，成相互衬托之势，院落空间主次分明，追求整体和谐、多层次递进的美学效果。

下面选取沈阳地区典型的山地寺庙——棋盘山向阳寺（图 10-1），对其建筑布局和庭院进行景观空间序列分析。

一、景观空间序列的组织

沈阳棋盘山向阳寺以简洁的串联形式组织出景观空间序列，其主要特点是：各院落空间沿着一条轴线，一个接一个地渐次展开，沈阳地区绝大多数寺观庙宇的院落布局基本上都属于这种形式的空间序列。

A. 自寺庙山门入口来到第一进院落，立即进入两级坡地组成的高差较大院落，山门与天王殿之间的空间并不开阔，两侧有钟、鼓楼。在狭窄空间内的高差处理，使得人的视野极度压缩，让人进入山门之后便慢慢静下心来，进而过渡到寺庙的宗教活动区。

B. 至寺庙的第二进院落，高差较为平缓，顿觉豁然开朗，富有宁静的庭院氛围。

C. 此部分为第二进院落与第三进院落之间，高差相比前一部分过渡空间更为缓和，至此，空间再一次收合，与前面过渡空间形成鲜明的对比。

D. 再往后是大雄宝殿、藏经阁，这两座建筑以高大的体量形成整个空间序列的高潮部分，建筑之间的庭院内树木郁郁葱葱，宗教小品如香炉、碑碣等散置其间，形成幽静的宗教氛围。

E. 过藏经阁后就进入序列的尾声，为寺庙的后门及财神殿等偏殿。

F. 此部分空间为寺庙后门通往棋盘山秀湖（水库）的香道，隐没在苍翠松柏之间。

1　彭一刚. 中国古典园林分析［M］. 北京：中国建筑工业出版社，1986.

G. 此部分是寺庙外部的棋盘山秀湖，走完寺庙的整个空间，经由蜿蜒曲折的香道，进入到寺庙外部的棋盘山秀湖，顿时豁然开朗。

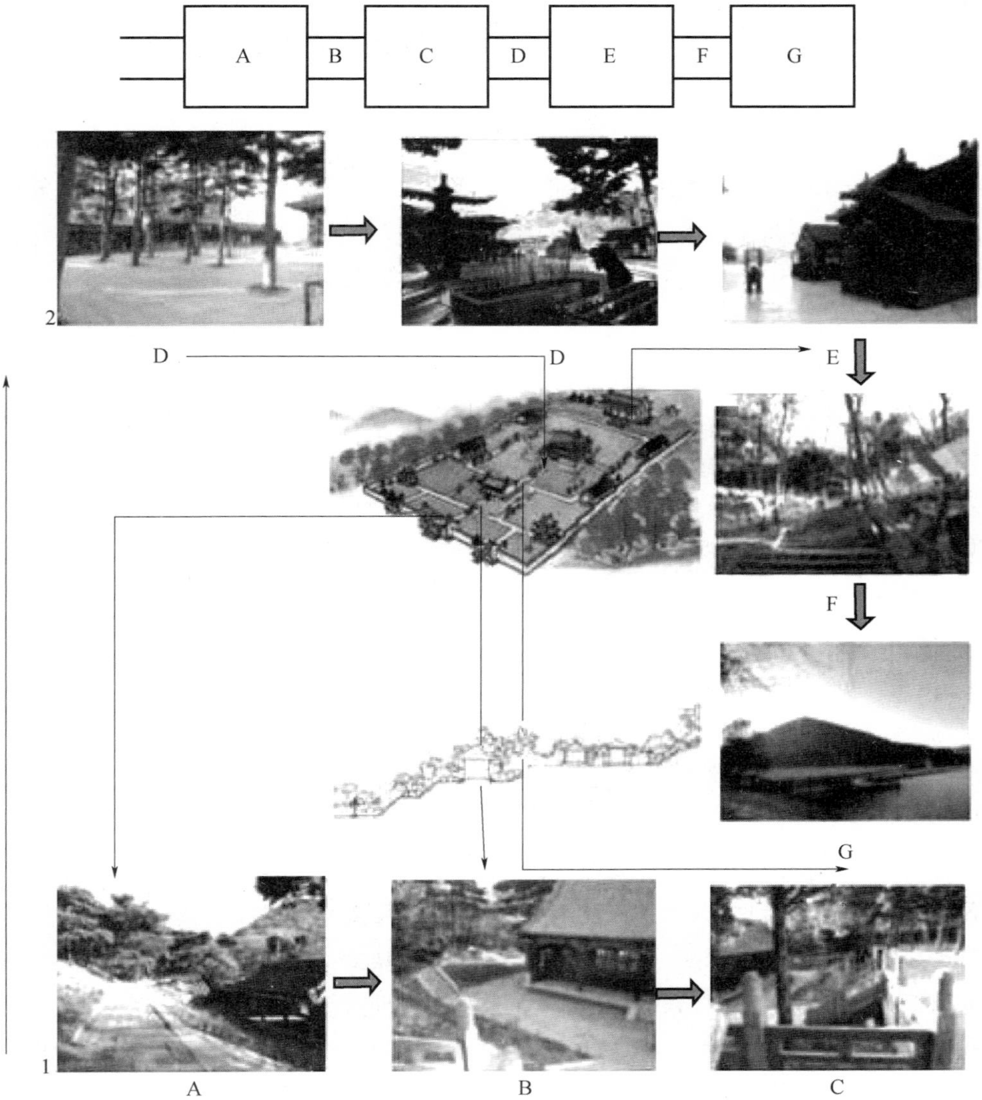

图 10-1　棋盘山向阳寺景观空间序列分析图

一些藏得很深的美好景观，如果没有引导便无从接近，这样的美景也就失去了意义。借助于空间组织和导向性，可以起指引或暗示作用，引导观赏者循序进入到可以进行景观观赏的空间。沈阳地区的太清宫、长安寺和朝阳寺中设置在建筑两侧的游廊，凭借其狭长的空间特点，通常具有极强的方向引导性。游人在这一行进过程中，必然因好奇而怀有某种情绪的期待，设计者正是巧妙地利用了这种心理，借游廊的引导作用将游人引至目的地，即景观序列的下一处空间。

园林景观空间的渗透与层次变化，主要是通过对空间进行分隔或联系等手法的处理所造成的。沈阳地区的寺观庭院的分隔形式，常利用通透的廊、月亮门和镂空花墙形成漏景而形成通透的空间感觉，既不生硬，又能产生若隐若现的景观联想效果。在这些寺观园林中，以庭院、游廊、围墙和园门作为纽带，把一个个独立的个体空间串联了起来。将园林景观融入到宗教空间内，既淡化了宗教建筑程式化布局的严肃紧张，又烘托了宗教空间特有的氛围。通透的廊、月亮门和镂空花墙虽然将空间分隔开来，却能使人的视线从一个空间看到另一空间，从而使两个空间在心理上互相联系起来，同时也令人感到所处空间范围被扩大，这就是中国古典园林的"小中见大"手法。寺观庙宇的宗教空间本是严肃而有些刻板的，但通过园门及花墙的视线连通与渗透后，各自延伸到彼此的空间范围内，从而产生景观流动的感觉。

二、景观意境的营造

受宗教文化的影响，寺庙园林在意境营造方面别具一格。环境心理学是研究人的行为和所处环境之间关系的学科。从环境心理学的角度对沈阳地区寺观内外的植物景观配置、水景观设置、楹联匾额进行研究和分析，可以了解到沈阳地区寺庙景观在意境营造方面的一些独特而成功的造景手法。

1. 布局

庭院式寺庙是以殿堂为中心的对称布局形式，主要建筑在中轴线上依次排布，各个庭院纵深展开，院落空间随着建筑布局的递进而错落有致，这种布局方式是我国传统的儒家思想观念与宗教文化相结合的产物。

以佛寺为例，从佛寺的入口到山门再到主要建筑的空间序列，是让人感受心灵从尘世向极乐世界的转化过程。入口到山门部分开阔、洁净，引导信徒心灵由纷乱俗世转入清净佛界，抛却杂念，促进他们对佛的敬仰之心；主体殿堂是礼佛圣地，面对庄严肃穆的殿堂和高大的佛像，信奉者会油然而生对佛的崇敬之情[1]。从空间序列角度看，各处院落有序的排列可以引导信众有秩序地一步步进入佛教氛围，净化心灵，最后达到信仰的高潮。园林景观区则可使游览者心情放松、愉悦身心。寺庙的建筑景观与空间景观的布局方式，一方面强调了主要的宗教功能空间，另一方面对宗教景观氛围的烘托与渲染起到了强化的作用，并对进入者产生了强烈的心理暗示和积极的影响，促进了人们对美好精神世界的追求。

2. 植物

寺观庙宇中景观空间氛围的营造离不开园林植物的配置，各色植物景观的形态与陪衬，是寺观园林的重要构成要素。寺观园林中的植物虽然品种众多，但某些植物因其特定的形态、色彩、气味或生长习性，以及其花开花谢的生命过程给人以佛理的启迪和佛性的

1　管欣. 中国佛教寺庙园林意境塑造手法研究 ［D］. 合肥：合肥工业大学，2006.

熏陶，故而被种植在寺庙园林中，具有强烈的宗教意义。如莲花因其出淤泥而不染、香远益清、清净圣洁的特性被广泛种植在寺庙园林中，用于勉励人们客服俗世的羁绊而一心向佛。某些植物也许跟佛教没什么特别的渊源，但是通过这些植物的栽植可以营造出或清幽或肃穆的宗教空间氛围，使人们在这里可以远离尘世，心灵获得安宁和超脱，对佛学和禅理拥有更加直观的体会。佛家追求"安静而止息杂虑"的禅定，佛门弟子在修行时需静心凝神。寺观中种植的各种植物不仅能将寺庙环境与世俗场所隔离，还能创造一种静谧如山林的景观氛围，烘托出宗教的神秘之感。寺观庙宇所属的内外园林也逐渐成为可以与神灵沟通、交流的场所，即使是简简单单的植物，通过不同形式的搭配手法和种植方式，与寺庙建筑、庭院共同创造出一片宗教园林景观[1]。

3. 水景

在佛教寺观中，放生池的设置体现了佛教"不杀生"和"众生平等"的教义，而池塘本身则可以看作是寺观园林景观的构成内容之一。寺观园林作为供人们游赏的具有公共性质的园林，其具有的游览和观赏功能不仅在于让人们愉悦身心，获得美的视觉与享受，而且更在于对宗教文化的弘扬，这正是寺观园林的独特之处。佛教众生平等和博爱的思想劝导人们要尊重众生，进而要帮助众生，乃至度脱无限众生，慈悲博爱，寺观园林中的放生池就是宣扬这一宗教教义的直接体现。放生池是佛教寺庙中最具佛教文化性和代表性的景观，是人们践行佛教教义的重要场所。信众听从佛法教导并身体力行，其意义不仅在于对被放生生命的拯救，更重要的是人们通过佛法践行，使所信仰的佛法不再是佛经上的空话，而是变成了实实在在的行动，与人们的实际生活联系在了一起，这对于人们信佛、学佛具有重要意义。放生也是人们与寺观园林景观的一种互动，是对寺庙景观创建的直接参与。通过放生活动，人门践行了佛法的教义，并与寺观园林环境产生了联系，在宗教环境景观中更加深刻体会到了佛教的文化与内涵。

4. 匾额

楹联和匾额是中国古典园林中极具特色的造景手法和文化表达方式，常在园林中作为点景或装饰性景观，表达园主的思想与情感寄托。寺观园林中的楹联匾额在园林景观营造作用方面与其他古典园林无异，但内容却有很大不同，更多是对宗教理论的阐释、神仙境界氛围的营造等。佛寺中的楹联匾额喜欢引用佛教典故赞诸佛菩萨，劝人向善；道教宫观的楹联匾额也是通过宣扬历代祖师的功绩给人以启示，引发人生思考。它们或是让人们珍惜现在、奉献众生，或是规劝人们要淡泊名利、戒急用忍。总之，寺观园林中的楹联匾额的作用在于引发关于人生的思考和启迪。

1　李雄. 园林植物景观的空间意象与结构解析研究［D］. 北京：北京林业大学，2006.

第十一章　影响因素与景观特征

　　沈阳地区寺观庙宇景观特色的形成，受到了多方面因素的影响，包括政治环境、历史沿革、宗教文化、风水理论、地域文化、地理气候、地质地貌等多个方面。这些因素有的是因内部的需求产生，有的则来自于外部力量的影响，最终共同对沈阳地区寺观园林特色的形成与发展产生决定性的作用。

一、影响的因素

1. 政治因素

　　从政治上来说，任何宗教的发展都离不开执政者的保护与支持。而统治者的喜好往往决定了寺庙的建设数量与规模，并影响着寺庙景观环境的形成。在古代封建社会，寺庙往往作为神学思想的载体和物质空间，是人们思想与精神上的寄托，统治者常通过宗教来宣传统治思想以达到政治的目的。执政者的有力扶持与推崇，会成为某种宗教发展壮大的最主要因素。不同时期的统治者对宗教政治功能的认识和理解的不同，决定了他们对这种宗教发展所采取的政策也不相同。因此，由于各种历史原因、不同宗教的教义限制，以及所属寺庙承担的社会功能和政治功能的差异，而使得沈阳地区各类寺观庙宇形成的景观环境和空间布局也不尽相同。

　　沈阳地区寺庙建设与发展的高峰时期是在清代，即盛京城作为清王朝陪都的这段时间。除了极少数皇家敕建的寺庙，其他的寺庙大多由私人或政府出资修建，并在一定程度上得到了扶持和发展。沈阳地区历史上受政治因素影响最大而得到扶持的宗教是萨满教和喇嘛教，即藏传佛教，这两种宗教所属庙宇都是皇家敕建的。沈阳现存的寺观庙宇大多形成于明代和清初，而萨满教的堂子庙和喇嘛教寺观都是始建于清初。

　　当时沈阳的主要民族是以努尔哈赤为首的女真族结合其他部落形成的满族，其信仰是萨满教。萨满教是以崇奉天神和祖先神灵为主的民间信仰，属于多神教的宗教类别。这一时期萨满教庙宇的典型代表形式就是堂子庙，根据资料分析可以发现，堂子庙的建筑型制与院落布局与其他宗教所属寺庙的差异很大。清王朝建立后，满清统治者认识到，原来的民间宗教信仰已经无法满足对汉族、蒙古族等民族思想控制的需要，因而从上至下开始大力发展佛教。也是由于这一原因，当时的喇嘛教，即藏传佛教极受推崇，并成为清朝的国教，这一时期的沈阳有皇家敕建的藏传佛教寺庙实胜寺（又称为黄寺），以及四塔与四寺。其中，以红、白、灰为基调的四塔四寺的景观环境也是独具特色，它们分别位于盛京城的东西南北四个方向，内方外圆的盛京城构成了典型的藏传佛教的坛场，就是曼陀罗形态布局，这种寺庙与城市共同形成的城市级别的宗教景观环境氛围，在全国范围内也属罕见，在一定程度上反映出寺庙的建设受到政治因素和统治者主观因素的影响，而寺庙的建设规模与景观环境，与寺庙的等级及所属宗教的受推崇程度也有着极大的影响。

实胜寺为清代皇家敕建寺庙，其主建筑屋面按佛教密宗喇嘛庙的传统形式，用黄琉璃瓦绿剪边铺建而成，也就是说，实胜寺的建筑屋顶形式与皇宫的屋顶形式是一样的，这是实胜寺的尊贵等级与地位的标志，也体现了统治阶级皇权至上的观念。另外，沈阳地区寺观庙宇的布局，无论佛寺、道观，还是民间的多神信仰庙宇，布局基本上都是遵循中轴对称的形式，主要建筑位于中轴线上并依次排列，符合传统的儒家思想所提倡的严谨的"中轴对称，左右均衡、等级分明"的原则。

2. 宗教因素

沈阳地区的宗教类别呈多元化的特点，宗教类型包括汉传佛教、藏传佛教、道教、伊斯兰教和基督教，以及多种民间信仰。而寺庙作为宗教的物质载体，也呈现出多元化的特征：首先，寺庙作为宗教性的活动场所，其景观环境具有特定的场所化特征；其次，寺庙除了所具有的宗教活动功能，还在缺乏公共交往空间与城市公共绿地的古代，起到了公共建筑及公共园林的作用。不同宗教类别的寺观，因其宗教活动的不同要求，所形成的空间布局、使用功能、景观形象也有所不同。

寺庙一般为信众提供两层涵义的物质空间：一是需要在寺庙中展现宗教的理想世界，通过修行的方式，摆脱世俗的烦恼；二是需要为礼佛朝拜者提供必要的活动空间。寺庙空间需要承担僧侣平日里生活学习的功能以及社会公共空间营建的功能。寺庙的整体空间布局就需要多种不同功能的建筑通过多进院落的组织去实现，这些建筑共同围合成佛寺的整体空间，承担着其需要承担的功能[1]。寺庙既是供奉、祭祀神灵，与神灵沟通的场所，又是僧人长期生活、修行和进行宗教仪式的场所，因此寺庙环境必须符合宗教场所的职能需求，是体现宗教文化内涵的物质空间，并通过寺庙的景观与环境向信众们展示和表达。因此，寺庙既要提供寺中僧人生活、修行的场所，也要提供给信众们祭祀、朝拜的活动空间。于是为满足不同使用对象的需求，寺庙形成了通过相对独立又互有连通的院落来组织分隔建筑空间，以满足多种功能的需要。在思想上，不同宗教的教义和经书典籍都对所属寺庙的空间布局、植物营造以及寺庙环境氛围有着相应的要求和规定，这些内容对寺庙的建筑形式和院落布局产生了不同程度的影响。

例如，道教追求的理想世界，即神仙世界——"仙境"，道家思想对道观植物景观的影响体现在其季相与色彩尽量追求平淡，尽量与寺庙建筑融为一体。在思想上，道教的创始人老子认为"道"是天地人不可抗拒的自然规律，主张清静无为的自然之美，这些思想对道观的空间布局、植物景观营造以及道观的环境氛围有着较大的影响。例如，道观多选

1　赵光辉.寺庙园林环境的构景［J］.城市规划，1985，5.

址于风光秀丽的山林之中，根据山势的走向进行空间布局。这样既可形成深山藏古寺的意境，又符合道教与世无争的理念，而优美的自然山川环境恰恰成为了修道的有力帮助，符合道教追求的理想环境。沈阳地区平原地貌居多，缺少名山大川，道观所属的外环境自然比不得一些道教名山或名刹。沈阳的道观多位于市区范围内，其中以沈阳的太清宫作为沈阳地区的典型道教宫观的代表。位于闹市的太清宫的景观环境虽少了位于山林中的道家宫观的仙境韵味，但是其布局风格和植物景观的营造依然符合道家所追求的清净、平淡的环境氛围。

3. 文化因素

清代盛京城是东北区域的中心城市，盛京文化也是东北地域文化的典型代表。在这个特定地理区域内居住着多个语言、风俗、信仰都不相同的民族，这些民族多年共居一地，和谐共处，文化交融，共同形成了多元而包容、民族风格鲜明、地域特征独具的盛京文化。这种多元、包容的文化特点，也表现在寺庙的空间布局和景观形象的多维度的文化特征方面。

盛京文化形成来源之一的"流人文化"，对沈阳地区的寺庙文化建设的贡献不容小觑。清顺治初年，著名的函可和尚因文字狱被流放到盛京城，最先进入到慈恩寺。当初的慈恩寺院落较小，殿堂不多，寺庙的规模和影响非常有限。函可和尚初入慈恩寺便作诗一首，描述其在寺中的生活环境：

> 幸无牛马后，仍许见浮屠。
>
> 礼佛欢如旧，逢僧笑尽呼。
>
> 膏粱自啖嚼，土蹋自跏趺。
>
> 半晌低头想，依然的故吾。

函可和尚来到慈恩寺后，为寺中僧人讲解经文，传播佛法。随着时间的推移，慈恩寺因函可和尚的到来，影响力越来越大，盛京城中的很多名人绅士都来寺里与其吟诗论事、谈经叙俗，他还组建了"冰天诗社"，此举活跃了当时盛京文坛的气氛。慈恩寺的香火也因其声望而兴盛起来，并一跃成为东北名刹，誉满东北。以函可和尚为代表的"流人文化"，对东北地区的文化建设贡献巨大，不仅构成了盛京文化的重要组成力量，也带动了沈阳地区宗教文化的传播与寺观庙宇的建设发展。

4. 风水理论

中国传统的风水学说注重尊重自然、顺从自然，注重人与自然的和谐共处，这种传统的人居环境理念与现代的景观生态学观点是极为相似的，可以说是最原始的生态观念与生态思想。风水学说的应用也使得寺观庙宇的建设通过选址与景观环境营造等方式，做到与自然环境能够完美融合。风水学理论对于寺庙景观环境的影响主要体现在寺庙基址的选择和整体的规划设计上，通过对山川地形的分析来选择寺庙主建筑或群体的基址，一般要在地形上都基本符合"负阴抱阳"、"背山面水"的要求，使寺庙建筑处于山水环绕的最佳位置。沈阳地区的朝阳寺、中华寺和向阳寺等几座山地寺庙的朝向与布局，都基本符合风水学理论的择址要求。例如，位于棋盘山的向阳寺被山环水绕，寺院内外林木葱荣，景观环境和观赏效果皆佳，同时也将山林古刹的宗教氛围烘托的极为浓郁。

风水理论讲究人与自然的和谐共处，即"天人合一"的理念，从风景园林学科的角度来看，风水理论是将人居与环境、地形、水文、气候等因素综合起来进行择址的考量，同时这些因素也决定了寺庙基址的方位与朝向。中国传统风水理论认为，东西南北四个正方皆为四正方向，并以青龙、白虎、朱雀、玄武为东西南北四个方向的指示物。一般寺庙中的主要殿堂所供奉的神祇级别最高，因此只有最高级别的神祇才能取正方向，如佛教寺院的大雄宝殿等就是以东南西北的四正方向作为朝向的。受中国传统皇家宫殿"天子当阳而立，向明而治"的礼制思想的影响，寺庙的朝向一般都选择坐北朝南的设置，是因为坐北朝南就是最高级别的正向[1]。从现在的环境科学的角度看，坐北朝南的选择是对通风、采光等条件的综合考虑，是最科学、最经济、最合理的方式。但针对特殊情况也会适时适地的进行调整，如沈阳地区的清真南寺和朝阳寺、慈恩寺，都不是传统的坐北朝南的布局，而是或依照地形、或按照教义、或因环境的因素而改变了传统寺院布局的南北走向。

风水理论对植物的影响主要体现在植物的选择和栽植方式上。寺庙对于植物品种的选择，一般首选与宗教思想或典故传说有关的植物品种，或者具有象征寓意能体现宗教情怀的植物种类。与此同时，对于植物栽植数量和布局方式也是有一定要求的，即寺庙主殿后方植物栽植数量不宜过多，并且一些植物品种因谐音不好也不能种植。例如俗话说"前不插桑，后不栽柳"，这一做法同样适用于寺庙中的植物选择与种植。此外，农耕思想对植物景观环境营造的影响在我国长达几千年的封建社会中一直存在，寺院内外农作物种植所形成的植物景观经常可见，出家人在寺院内外基于日常生活所需，多栽植一些瓜果蔬菜等植物，用以部分补充出家人日常的饮食需要。

5. 地形地貌

地形地貌是影响寺观庙宇景观环境的主要因素之一，寺庙按地形的不同一般分为平地寺庙和山地寺庙两类。沈阳的平地寺庙一般位于市区内或者城市近郊区，山地寺庙一般位于远郊山区之中，有些还位于风景区或名胜区内。沈阳地区现存的山地寺庙大多位于风景名胜区内，这些风景区景色优美，山林幽深，其复杂的地形环境与山林景色的变化常常造就了这些寺观庙宇不同的空间布局与建设风格。有的寺观基址所在山地地貌平坦开阔，与周围的地形和环境界限清晰，有明显的变化和景观上的过渡；有的寺观基址选择于山坡之上，建筑与院落随山的坡度叠落，地形变化较为紧凑，景观环境较为开阔。

从寺观建筑与周围环境的组合关系来看，基本可以分为三类，即开阔、半开阔和围合型。属于开阔型的寺观建筑群常位于山顶，寺观前景基本不会造成视觉上的明显干扰。沈阳的朝阳寺就属于此类型，其基址位于一座隆起的山丘之上，山丘周围全是田地，整个寺庙建筑群基本位于山顶，院落空间沿山势布局展开（图11-1）。半开阔型的是指寺观庙宇

1　蒙培元. 人与自然——中国哲学生态观［M］. 北京：人民出版社，2004.

依山势而建，周围环境至少有一个方向是面朝开阔地带。建造者常采用有机结合、互为衬托的景观处理方法，将建筑形象与地形地貌有机结合起来，通过建筑的高度变化及建筑天际轮廓线的处理，使人的观感产生一种向上的趋势，强化山峰的高度趋势，同时也使寺庙建筑群的整体形象更加雄伟巍峨（图 11-2）。围合型的寺庙建筑群往往位于山体中部或四周被群山或山林环绕围合。这类寺庙建筑群，为了强化寺庙建筑的竖向高度的视觉效果，处理地形的手法通常有：设置有明显高差变化的挡土墙、栽植高大乔木等。还有一种就是使建筑群的视觉面积逐步扩大接近山体表面肌理的面，从而达到调整视觉面积的目的。寺观的各个建筑依山势排列布置，青瓦、灰墙在肌理上和明度上更接近于山体，寺院内的景观环境也接近外部环境，从而使得寺庙与周围的整体环境和谐统一。

当人们在从山下向山上的寺庙行进的过程中，随着视点与视距的变化，建筑与环境的视觉面积比也在发生变化，山体建筑群尤其明显。在行进路上总会有段距离使建筑与山体的视觉面积几乎相等，而这时建筑与视点的距离较远，还不足以吸引视线完全集中于建筑上。所以常沿途布置有较强视觉吸引作用的景物，避免无景可赏的情况。例如，沈阳朝阳寺在上山途中，由下至上分布着景观桥、观赏树、景观亭等景点和小品，凭借树木或削弱山体的轮廓或遮掩部分建筑，通过隐显的对比手法，达到调整视觉面积比的目的（图 11-3）。当人走近目的地，到达合适的观赏点时，建筑本身或建筑的细部进入人们的视线，并因其特别的形象和色彩，成为视线的焦点，即观赏的景点。

图 11-1 沈阳朝阳寺所在地形纵向剖面示意图

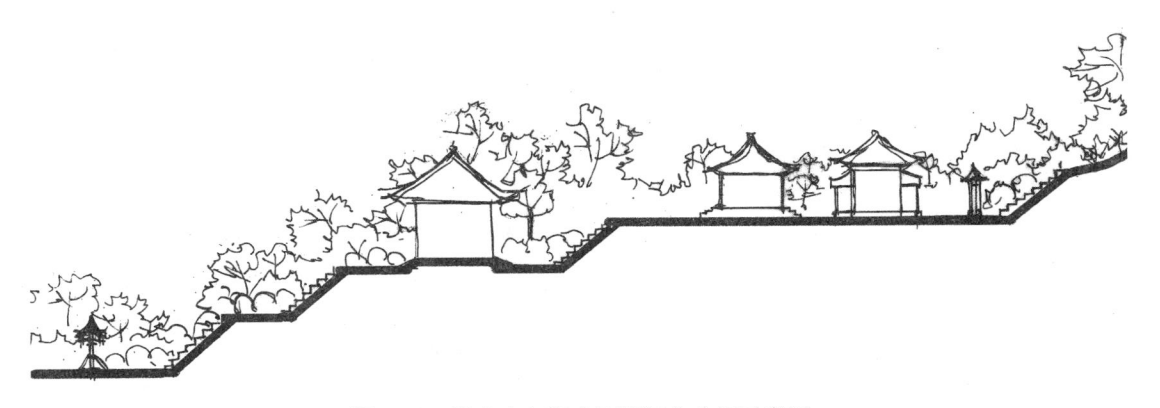

图 11-2 棋盘山向阳寺地形竖向分析示意图

图 11-3　沈阳朝阳寺内建筑与地形的竖向示意图

二、景观特征

1. 宗教文化多元化

沈阳地区寺观庙宇的景观因寺庙所属宗教的不同，其形象和功能也有所不同。因受到历史因素及地域文化等因素的影响，寺观景观形象的构成呈现出多元化的特征。历史上的沈阳地区属塞外偏远之地，与汉文化的中心地域距离遥远，宗教文化的传入时间也比其他地区晚得多，再加上人口稀少、生产力较为低下的原因，沈阳地区在清代之前的发展较为缓慢。努尔哈赤建立政权并建都盛京后，才开始迎来沈阳地区寺观庙宇建设和发展的全盛时期，而寺观园林景观的建设也随之有了较大发展。在盛京成为清帝国的陪都之后，随着清军入关带走大量人口，盛京曾经一度萧条，但随着清帝频繁的东巡祭祖活动，盛京的城市建设再度兴盛起来，并带动了这一地区寺观建设的兴盛。各类宗教庙宇纷纷出现，有佛教、道教、儒家、回教（伊斯兰教）、萨满、民间崇拜等，以及清末出现的西方宗教类型，即基督教、天主教、东正教等，各类庙宇在同一地区共同出现，各享香火，和平共处。这不仅体现了沈阳地区宗教文化的多元性，而且展示出该地区对各类宗教文化的巨大的包容性。

清军入关后的清代初期，以流放到东北的知识分子为主体形成的"流人文化"也带动了寺庙园林的发展；与此同时，沈阳地区的多民族文化的浸润也使得寺庙的景观环境呈现出多元化的特征。东北地区满族信奉的萨满教的庙宇堂子庙；代表锡伯族文化遗存的锡伯族家庙；东北地区最早的由回民建立的伊斯兰教庙宇清真南寺，以及清真北寺和清真东寺；蒙古族信奉的宗教——喇嘛教及其所属寺庙实胜寺，以及四塔四寺；代表着汉传佛教的寺庙慈恩寺、般若寺；代表汉族文化的道教太清宫等。这些代表着不同民族、不同宗教文化的各类寺观庙宇，在清代的盛京城内外多达一百二十余座，很多寺庙不仅建筑雄伟恢弘，而且寺院内外园林景观清丽幽雅，各具风格。

2. 服务功能多样性

在功能上，寺观庙宇的景观环境兼具宗教教化功能和公共游览功能，这种集宗教性、公共性和游览性为一体的特点，使其与世俗的园林景观环境既有很多相同点又有很大的不同。从公共观赏游览的角度看沈阳地区寺庙的景观环境，与皇家园林和私家园林的使用人群对比，无论从服务范围还是服务对象来看，都更具公共园林的特征[1]。在没有城市公共园林的古代，皇家园林和私家园林的服务对象仅仅是极少数人，并不对普通百姓开放，因此，寺观及所属园林发挥了其公共场所和公共游览地的职能。例如清代盛京城的小河沿地区，由观音阁和魁星楼所形成的建筑环境与垂柳荷塘一起成为当时人们休闲避暑的胜地，各类民俗活动荟萃于此，成为了当时民众乐于游玩的"杂巴地"（图11-4）。《陪都杂咏》中有诗记曰：

夏日河沿爽气熏，往来茶肆尽游人。

唯有莲花香馥馥，柳荫身处看垂纶。

此诗描述了这个地方春夏两季怡人的自然环境与热闹的人文景观。由此可以看出，小河沿地区除了具有公共游览职能外，还兼具进行各类民俗活动和商业活动的场所功能，这里聚集了各类行业的小贩，也有说书唱曲的江湖艺人，使这里的商业活动和民俗文化活动十分繁荣。

图 11-4　小河沿魁星楼周围景观环境

从寺观景观环境的形成方式来看，因寺庙基址选择的地点与环境的差异，所形成的景观环境也因此而不同。沈阳地区各类寺观庙宇的选址，既有位于繁华的城市市区内的，也有位于幽静的远郊山林之间的，不同的选址和区位形成了迥异的寺观园林景观环境，使得沈阳地区的寺观园林景观呈现出多样化的特点。

随着现代社会的发展、历史文化的变迁，以及城市的变化和更新，寺观建筑和园林已经失去了城市公共设施和公共园林的功能，大部分寺观建筑或损毁或消失，退出了城市的历史舞台。而现存的寺庙所具有的功能更多地是进行传统文化的展示，或是兼具旅游观光的功能。近年来我国的宗教旅游活动不断升温，加之人们对传统文化的再度推崇和认识，

1　赵光辉 . 中国寺庙的园林环境［M］. 北京：北京旅游出版社，2009.

古老的寺观庙宇又被人们所关注，重新走入到人们的生活和视野中来。与此同时，在各级政府及相关单位的支持和赞助下，又修建、复建、新建了很多寺庙，并丰富和完善了现存寺庙的建筑和景观环境，使沈阳地区的宗教文化和宗教景观重新丰富起来。

3. 景观性质场所化

宗教场所是为宗教信仰提供传播或者展示的空间，寺庙正是进行宗教活动的特有场所，是聚集相同信仰的人群进行宗教活动的空间。人们对特定场所的感知也给香客不同的场所体验感，产生不同的场所精神。佛教在向中国化的演变过程中，与中国的传统文化相互交融，表现在寺庙建筑形式和空间的组织方面，逐渐形成了中式的寺庙建筑风格，以及中轴对称的布局方式。寺庙的宗教功能在寺庙中占据主导地位，烧香拜佛是僧众和香客在寺庙中的主要活动，因此寺庙的殿堂居于庭院布局的中心位置，而其他建筑和景观小品按照香客从事宗教活动的顺序，沿轴线依次纵深排布并展开，这也成为几乎所有寺观庙宇的程式化布局方式。

沈阳地区寺庙的景观环境营造的目的一方面是为了使宗教更加的大众化，并形成优美的宗教园林环境，同时另一方面也能形成不同的功能空间，包括划分主次景观空间和宗教活动区与出家人生活区。现代的寺庙园林景观，特别是寺庙附属的园林，与寺庙内部传统的宗教空间和景观氛围大有不同。出于观光和休闲的需求，破除了中轴对称、严谨庄重的宗教氛围和景观格局，而采用自由灵活的布局方式，淡化了寺院主殿堂空间的森严沉闷气氛，增强了空间的渗透、连续和流动性，并采用园林构景要素点缀园林内外空间，把宗教景观变成了开朗活泼、生趣盎然的园林观赏空间。在构景上，除了采用亭、廊、桥、楼、水池、假山等园林建筑形式外，还以佛塔、经幢、石碑石刻等宗教小品进行点缀。但无论何种形式，都充分表现了宗教的教义和内涵，即寓禅境于寺庙景观场所之中，使游客或信徒在无形中接受宗教的熏陶。

人们进入一个场所，从所见而产生联想，从而产生认同归属感，进而有了感情反应，使场所与人之间有了精神上的沟通，形成场所精神域化。宗教及其庙宇作为稳定社会、传达统治思想的场所和工具，从古至今就受到历代统治者的重视，很多寺庙的建设也和皇家统治者有着千丝万缕的联系，成为皇家的御用寺庙或专属寺庙，这种特权和地位常常被表现在建筑的形式与色彩方面。例如沈阳的实胜寺，又被称为皇寺，就是因为这座寺庙不仅是皇家敕建、皇家专用，而且在建筑的等级和色彩上也是采用较高等级，例如实胜寺的主殿建筑是重檐歇山顶，而沈阳地区的大多数寺庙主殿建筑是硬山屋顶；实胜寺的主殿建筑屋瓦是绿剪边金色琉璃瓦，而其他寺院主建筑屋瓦颜色是灰黑色。这些建筑形式和色彩显示着当年这座寺庙的地位和尊贵程度，使进入寺庙的香客不禁会从寺庙的色彩联想到古代皇家建筑，因而产生敬畏之感，这也是场所精神产生的一种方式。

4. 景观形象地域化

沈阳地区的寺庙园林景观作为盛京园林的一个类型，其形成与发展既有中国传统寺观园林的一般性特征，又有着鲜明的东北地区地域性文化特征。研究其产生的渊源、景观特征和发展沿革，对沈阳地区以及东北地区寺观庙宇的保护和研究具有非常重要的意义。

在文化方面，清代盛京的寺庙及其景观环境的建设在文化上体现了多民族融合的文化特点。盛京城内，满、蒙、回、汉、朝鲜等多民族杂居，宗教信仰各不相同，寺庙种类众多，但丝毫不影响各民族间的和睦相处。这也反映出盛京地区民众对不同文化的高度包容、融会贯通。这种兼容并蓄的文化风格在寺观的景观格局、建筑彩绘、园林风格等方面都有所体现。

在植物景观方面，由于沈阳地区地处我国东北，气候寒冷干旱，因此也形成了典型的寒地景观环境，受地理气候的影响，植物品种的选择也相对单一。因此，在植物选择上除了考虑符合寺庙氛围的宗教树种如菩提树（北方地区常用银杏或暴马丁香代替）外，其骨干树种多采用高寒地域常绿植物，如松、柏、杉科的树种，在长达半年的寒冷季节里，它们形成了东北地区冬季的常绿植物景观。东北地区四季分明的气候特点，也使植物季相特征鲜明，四季景色各异。在寺庙庭院中，多以松柏类常绿植物为主要景观，并间植有银杏、枫杨、刺槐、杨、柳、榆树等阔叶乔木，桃、杏、李等观花树种。其中，寺庙的主庭院中多植以四季常青的松、柏、云杉类树种，既显得肃穆挺拔，又有万古长青的寓意，形成了北方严寒的冬日里青松傲雪的特色景观（图11-5）。

图11-5　清末沈阳实胜寺的庭院植物景观

在清代盛京的寺观庙宇的景观环境中，纯粹作为园林小品的设施较少，极少数的寺庙庭院会摆放一些具有观赏性或装饰性的山石、砖雕等，或是建有一些供香客休息的亭廊设施。清中期的盛京万寿寺中设有山水小景——曲水、小山、石髓，是这一时期盛京寺庙园林小品的特点。这一时期，具有宗教性质的园林建筑小品，大多是指寺观中一些亭廊等园林建筑，但数量极少。寺观中的园林小品包括小型的附属建筑、装饰用的砖雕、摆件等，而庙宇中的碑刻、园门、花墙、月亮门等也可以看作是寺庙园林中的景观小品。这些建筑和雕饰大多采用本地的材料和工艺，具有鲜明的地域材料特点和民俗风格。现在有些寺庙为了扩大使用空间而拆除了原有的部分花墙和月亮门，庭院空间虽然是扩大了，但原有的景观神韵却被淡化了。在沈阳地区现存寺观内，大多数景观小品都是具有宗教特点的装饰或法器，如石碑、石兽、经幢、日晷、香炉、玛尼堆、立式转经筒等，这些物件也在一定程度上丰富了寺观景观小品的类型。

在建筑与环境装饰方面，由于沈阳地区寺观景观环境的园林化特征比南方地区弱，因而寺观的建筑装饰是寺观园林景观环境构成的重要组成部分，建筑装饰景观如屋顶、彩画丰富了东北地区寺观庙宇的景观环境。东北地区的建筑彩绘融合了满、蒙、回、汉等各民族的特点，与关内的建筑彩绘在色彩、样式、内容等方面差别很大，内容丰富，色彩艳丽，体现出鲜明的地域文化特色，丰富了冬季北方园林的视觉观感，这也是北方园林建筑常用的造景方法。

沈阳地区寺庙园林景观，属于东北地区的寒地园林类型，受到了东北地区气候、造园材料的影响，虽然在内容和形式上比较简单粗放，但总体来说仍不失中国古典园林的风韵。盛京的寺庙园林风格受到了中原地区传统园林文化的深刻影响，并融合了多民族文化的特点，在园林建筑与装饰、园林植物、季相景观、当地的建筑材料、建造工艺等方面，体现出强烈的地域文化特征。

沈阳地区的寺庙景观环境，可以从寺庙的建筑、植物景观、道路广场、宗教小品等四个方面进行了解和认识，从中可以概括和总结出影响沈阳地区寺观庙宇景观环境的因素和寺庙园林的主要特征。

寺观建筑通过建筑景观的形式展现了不同宗教类别的独特的艺术特征，体现了其特殊的宗教文化内涵和底蕴、地域性文化和历史沿革等特点。寺庙的植物景观多采用乡土的、有宗教象征意义的、或者是烘托宗教氛围的树种，通过孤植、列植、对植、丛植和群植的栽植方式，表达出其所代表的丰富历史文化和宗教内涵。寺观的园林景观环境无论是庄严肃穆，还是幽静素雅，都烘托出了寺庙这一特定宗教场所的文化氛围和相应的精神感染力。寺庙在庭院空间上运用植物景观来组织院落布局，同时植物景观也常常作为寺观庙宇建筑群空间构图的不可或缺的要素，因而，由植物景观为主形成的寺观园林景观，也是寺庙景观环境中变化最丰富的组成要素。从文化遗产保护的角度上看，寺观庙宇中的古树名木和古老的寺庙建筑一样，既是寺观庙宇景观环境的组成部分，也是我国自然文化遗产中的瑰宝。

在寺观庙宇建筑的布局与材料选用方面，寺庙的建筑、道路、广场等，其形象既有形式美的需要，也有实际的使用需求，具体表现在材料的选用和装饰的工艺技巧上，所展示的不仅仅是宗教的美学特征，更重要的是宗教场所浓厚的文化氛围和深厚的历史底蕴。在宗教小品的设置方面，这些宗教景观小品除了具有本身的使用功能外，还兼具负责引导、指示方向和空间的作用，并在一定程度上具有托物言志地表达宗教思想文化内涵、教化信众的功能和目的。

第十二章 结 语

自清太祖努尔哈赤定都盛京伊始，沈阳从一个边成小城一跃成为了东北地区的政治经济文化中心城市。作为清王朝的陪都，城市建设和社会经济得以迅速发展，各类寺庙的兴建与发展成为城市变迁和文化碰撞的标志，寺庙景观的发展也在一定程度上反映了当时的社会生活和文化特点，呈现出丰富多彩的城市文化，形成了极具地域特色的盛京文化。清代的盛京，对各类宗教文化的相对包容，使得寺观庙宇的建设异常繁荣，在城市文化和宗教文化的双重叠加下，沈阳地区的寺观园林景观形成了独特的风格和特征，而沈阳地区各类寺观庙宇的建设，以及通过这些寺观庙宇所展现的宗教文化也是盛京文化的重要组成部分，独具魅力。

对沈阳地区寺观园林景观环境的形成与发展的研究，通过前文的论述，可以得出以下的结论：

沈阳地区的寺庙建设最早出现在唐代，但发展过程缓慢，并没有形成一定的规模，直至明清时期才开始得到长足的发展。明代时期，受到关内地区的影响，道教宫观在数量上多于其他宗教庙宇，但总体数量有限。到了清代，沈阳由于被作为都城（后成为清朝陪都）而使城市地位得到提升，包括寺观庙宇建设在内的各项城市建设繁荣兴起，多民族文化的融合和包容的特点直接体现在寺庙建筑和景观环境之中。这一时期开始出现新的寺庙类型，如藏传佛教寺庙、清真寺（回族）、锡伯族家庙（锡伯族）、堂子庙（萨满教）等，形成地区独特的寺庙景观文化和特色。宗教文化在这里具有包容、融合的特点，例如，在沈阳地区的很多寺庙中，释、道、儒三教共享供奉，甚至很多民间的神祇也能在较大寺庙中出现并享受香火，这些都显示出沈阳地区宗教文化的相互融合、相互包容的文化特点。

沈阳在清代作为清王朝的陪都，深受当时的政治、文化等因素影响，皇权意识的体现无处不在。与中国其他地区的寺观庙宇建设有所不同的是，沈阳地区的很多寺庙建设具有浓厚的政治色彩，它的兴盛与衰落受到政治因素以及统治阶级喜好的影响也最为直接。清代统治者笃信藏传佛教，因此沈阳的实胜寺、四塔四寺在清盛京的寺庙中地位显著。而堂子庙是满族统治者的民族信仰，所以也受到了皇家敕建的待遇，而太平寺（锡伯族家庙）也是一座喇嘛庙，即藏传佛教寺庙，这也是与当年的政治环境和风尚有关。

沈阳地区的寺观庙宇及其所属的景观环境特征表现在庙宇择址、空间布局、建筑形制、植物景观等多方面，通过建筑、宗教小品及寺庙内外的自然与人文环境等要素共同营造出寺观的景观环境。因沈阳地区以平原为主要特征的地理环境，故而这一地区的寺庙多选址平原地带，山地少，山地寺庙也较少。寺庙的空间布局类型较为单一，类型基本上都符合均衡对称形式，除山地寺庙外，景观环境的园林化特征不明显。寺庙的建筑形制也呈现多样性特征，但总体上遵从权力和建筑的等级制度。寺庙内外的植物景观构成主体品种，在清代之前常选用杨、柳、榆、槐、松等乡土树种，或者种植果木蔬菜等经济作物。通过史料文献阅读和实地调研可以知道，寺庙内构成植物景观的植物种类越来越丰富，不仅选用了很多具有宗教象征意义的植物品种，还通过植物的配置呈现出了三季有花、四季长绿、植物季相变化丰富、四时皆景的观赏效果。沈阳地区虽山地寺庙较少，但其凭借得天独厚的自然环境条件优势，寺庙景观环境的园林化效果好于位于城市市区的寺庙和郊区寺庙。在园林景观意境的营造方面，山地寺庙利用良好的自然环境，结合有意或无意的园林处理手法，营造出具有诗情画意般寺观内外园林景观，形成了超凡脱俗的"世外桃源"和"人间仙境"。

沈阳地区的寺观庙宇空间环境和其他地区的宗教场所一样，具有特定的宗教文化内涵和强烈的场所化特征。由于沈阳地区拥有丰富的宗教类型，这也使得各类寺庙所具有的宗教文化场所特征更加丰富，不仅具有本体宗教的特征，而且兼容了其他宗教的文化内涵，以及部分形式上的特点。具体表现在寺观庙宇的建筑单体、建筑群组和空间布局等方面。例如，佛道两教的寺庙建筑格局整体上受儒家礼制等级观念的影响，形成中轴对称、等级序列的排列与布局，与此同时，佛教的"伽蓝七堂"之制、道教的"天人合一"等思想与文化的影响，也可以从这种寺庙的建筑格局中体现出来。在东北地区，很多寺庙是"三教合一"寺庙，即释、道、儒三教共居同一庙堂，共同接受人们的祭拜与供奉。受到这种文化的影响，很多寺庙在建筑单体、建筑排列、院落布局上综合了多种宗教文化的特点，从而使作为宗教场所的寺观及其景观环境传达出更为丰富多样的宗教文化内涵。

由于历史文化、政治格局、城市变迁以及自身的原因，近代沈阳地区寺庙建筑及其景观环境已经失去了鼎盛时期的风采，进入到衰败时期。大量有历史意义的寺观庙宇，如文庙、天后宫、天齐庙、东岳庙等，或被废毁，或被占用，至今现存且保存较为完好的寺庙不及全盛时期的十分之一，令人扼腕。寺庙园林景观不仅丰富了沈阳地区传统园林的类型，从文化传承的角度，对于沈阳地区的寺观庙宇建筑及其景观环境的保护和利用，对于延续沈阳古城的历史文脉，丰富城市的景观与城市文化具有重要意义。

本书即将结束，但仍有许多不足之处望读者谅解。

（1）由于沈阳地区的宗教类型较多，各个寺庙规模、布局等都不尽相同，有些寺庙的地域文化特色鲜明，而有的则并不明显，无法归纳统一形成共同特征。例如，正是由于沈阳曾作为清王朝的陪都的原因，因为城市的政治地位和皇家的推崇，历史上规模较大且布局较为完整的寺庙多为皇室敕建，具有鲜明的地域文化、民族文化和宗教文化特点。但其他的一些寺庙，特别是民间自发建设的寺庙，或保存不完整，或是已损毁湮灭，虽有记载却无法考证，令人遗憾。

（2）本书在归纳、整理、总结沈阳地区的宗教文化和所属庙宇的研究基础上，对沈阳地区寺观庙宇的总体分布、空间布局和景观环境构成要素进行了颇为详细的分析和解读，对该地区现存的重要的寺观庙宇建筑、院落、景观环境作了较为系统的研究。但由于宗教类别较多，各个寺庙的数量和建设规模大小不一，考察内容难以做到全面而具体，因而行文内容必然会存在着诸多不足之处。

（3）由于史籍资料的缺乏，无法对一些寺庙的原始景观环境做详尽的分析论证，同时，也无法对沈阳地区现存的所有古老寺庙进行平面测绘资料收集或者整体景观效果的复原工作，只能从老照片和文字描述中对一些寺庙进行平面布局的意向性复原，同样由于资料有限，很难做到内容的完整与无误。在前文中介绍的一些现存的古老庙宇，很多都是复建或者重建的，与最初建设时的景观环境相比，寺庙的建筑、小品、庭院内部景观环境可能早已经大相径庭，因此现在看到的一些寺庙景观并不能代表寺庙在某一时期的特征，希望读者对照史料加以体会。

最后需要说明的是，本书的研究观点是从风景园林学科的视角出发，对沈阳地区具有代表性的寺庙进行调查研究，研究了构成沈阳地区寺庙园林景观环境的各个组成要素，包括寺庙建筑形制、建筑空间布局、建筑细节、植物构景特点、宗教小品等内容，以及它们共同形成的景观环境特征。希望通过本书的研究内容，可以让人们更加认识和了解沈阳地区的宗教文化及宗教园林，并以此来弘扬中国博大精深的传统与文化。

附录1 清代盛京寺庙统计表

名称	初建年代	位置	备注
社稷坛	清雍正十一年（1733年）	天后门外西南玉皇庙前	乾隆六年添加大门三楹、耳房三楹
风云雷雨山川坛	清雍正十一年（1733年）	社稷坛之前	知县蔡书升建
先农坛	清雍正五年（1727年）	德胜门外东南端沈水之南	
历坛		地载门外	
都城隍庙	元至正十二年（1352年）	在城内大街鼓楼东路北	元至正年碑及明洪、弘治、万历年碑皆记重建年月，清初建都后改名为都城隍庙，康熙元年重建
护都丰农龙王庙	清雍正元年（1723年）	抚近门内路北	皇帝敕建
忠义孝弟祠	清雍正九年（1731年）	德顺门内路北	
节孝祠	清雍正九年（1731年）	怀远门外偏南	
景佑宫	明代	旧址在城内大清门东，后移建德胜门外	清崇德六年敕选道士给衣粮，顺治九年奉旨重修，十四年增置钟磬立碑，康熙十年驾幸，二十一年驾再幸，赐名景佑宫
关帝庙	崇德二年（1637年）	地载门外，城西北五里教场	皇帝敕建
实胜寺	康熙六年（1667年）	外攘门外二里	俗称"皇寺"或"黄寺"，清太宗皇太极敕建，供藏太祖太宗甲胄弓矢，乾隆八年，御书"海月常辉"匾额
长宁寺	顺治十三年（1656年）重建寺庙	外攘门外西北五里	旧称"御花园"，顺治十三年敕建此寺，乾隆十九年有御书"一心为宗"匾额悬于正殿
万寿寺	明英宗正统五年（1440年）	外攘门外路北	旧寺即慈惠寺，俗称"谭家庵"，康熙五十年敕建，有御书"辽海慈云"匾额
东塔与永光寺	清初崇德年间	抚近门外五里	乾隆八年御书"慈育群黎"匾额悬于正殿
南塔与广慈寺	清初崇德年间	德胜门外五里	乾隆八年御书"心空彼岸"匾额悬于正殿
西塔与延寿寺	清初崇德年间	怀远门外五里	乾隆五年御书"金栗祥光"匾额悬于正殿
北塔与法轮寺	清初崇德年间	地载门外三里	乾隆八年御书"金镜周圆"匾额悬于正殿
贤王祠	雍正十二年（1734年）	外攘门外街北	初名"怡贤王祠"，乾隆十九年奉谕旨四郡王一并祠祀
浑河神庙	乾隆四十三年（1778年）	城东十里木场浑河北岸	皇帝敕建，御书"灵脉精礼"匾额

续表

名称	初建年代	位置	备注
辽河神庙	乾隆四十三年（1778 年）	城西一百二十里巨流河西岸	皇帝敕建，又御书"惠泽钟祥"
永寿寺	康熙十二年（1673 年）	外攘关门北	道光二十八年重修
慈云寺	康熙二年（1662 年）	外攘路北	道光三年改今名
永宁寺	康熙九年（1669 年）	怀远关门街南	道光七年、道光二十二年重修
莲宗寺	乾隆四十九年（1784 年）	怀远关观音堂西北	道光十七年重修
望云寺	明代	怀远关街北	乾隆二十年重修
保安寺	顺治十四年（1657 年）	怀远关边门外西南	
保宁寺	康熙四十五年（1706 年）	外攘关边门外，皇寺西	分别于康熙六十一年、乾隆十二年重修
扬教寺	明代	在德胜关东南，万泉河右岸	原名华严寺，道光年间重修，改今名
金觉寺	顺治八年（1651 年）重建	德胜关街东	原名镇宁寺，道光四年重修，改今名
辉宗寺	金代	德胜关街西	明万历二十五年重修
慈恩寺	天聪二年（1628 年）	德胜关外路东	清太宗皇太极敕建，顺治元年重修
祖师堂	康熙三十五年（1696 年）	德胜关街东	嘉庆三年重修
地藏寺	康熙五年（1665 年）	天祐关街东	嘉庆三年重修
普济寺	明代	天祐关风雨台	顺治六年、嘉庆十七年重修
清风寺	始建年代不详	天祐关前	
三义庙	始建年代不详		
魁星楼		抚近关头道沟	分别于道光十八年、咸丰十三年、光绪八年重修
宝觉寺	明万历四十四年（1616 年）	抚近关（大东门）内	
养生堂	天命年	内治关路北	清太祖努尔哈赤时期初建，光绪十二年重修
应佛寺	明代	福胜关边门外路北	
白衣寺	始建年代不详	福胜关横街北胡同	道光二十二年重修
万寿寺		地载门外	嘉庆十五年重修
慈照寺	年代不详	地载门路西	
慈慧寺	顺治五年（1648 年）	地载门狮子庙后	
大法寺	崇德三年（1638 年）		乾隆五十四年、同治十年重修
崇寿寺	唐代	地载门外	康熙三年重修
观音殿	康熙年	崇寿寺西院	
长安寺	北唐		明成化二十三年、清顺治十二年、乾隆三年、道光二十年重修
吉祥庵	明代	抚近门街南	雍正乙卯年、乾隆五十七年、道光三年重修
大悲庵	道光八年（1828 年）	抚近门街北	咸丰元年重修
永宁庵	年代不详	内治门老虎庙胡同	

名称	初建年代	位置	备注
南吉祥庵	同治元年（1862 年）	德胜门街东	
龙云寺	清初	德胜门街路北	康熙四十二年、光绪三十一年重修
大佛寺	乾隆五十六年（1791 年）	德胜门街东路北	宣统二年重修
般若寺	康熙二十三年（1684 年）	德胜门街东	宣统二年重修
地藏庵	明代	外攘门回回营东胡同	清代重修
大兴寺	年代不详	福胜门付家花园东胡同	宣统元年重修
东岳庙	年代不详	内治门路北	清乾隆四年重修、光绪年奉军翼长左宝贵重修
老君堂	崇德二年（1637 年）	内治观天齐庙西院	
老郎庙	年代不详	内治门路南	原名精忠庙，奉祀岳武穆王，清初合祀唐明皇，改名老郎庙
老君庙	年代不详	内治门路北	乾隆六十年修
孙祖庙	康熙四十六年（1707 年）	内治门路北	乾隆四年重修
山神庙	年代不详	内治门路北	又名老虎庙，乾隆五十二年、乾隆六十年、嘉庆二十五年重修
七圣祠	嘉庆六十一年（1856 年）	内治门小津桥北	
太清宫	康熙四年（1664 年）	外攘门角楼西隅	康熙八年御赐藏经一藏凡七百二十四函，为道教十方常住丛林，乾隆年监院赵一尘重修
斗姆宫	康熙四十四年（1705 年）	外攘门南街	皇三子允祉建
真武庙	清初	外攘门外	乾隆四十一年重修
关帝庙（1）	康熙二年（1662 年）	德胜关外	道光二十四年重修
关帝庙（2）	乾隆三十八年（1773 年）	德胜关路南	道光二十四年重修
关帝庙（3）	康熙二十八年（1689 年）	天佑关风雨台东北	道光二十四年重修
南极阁	顺治五年（1648 年）	德胜关街东	乾隆庚午十五年重修
玉皇阁	康熙二十四年（1685 年）	德胜关柴草市南	
吕祖宫	道光年	天佑关街东	
清虚观	年代不详	天佑关街东	乾隆五十六年重修
玉皇庙	乾隆五十五年（1790 年）	天佑关马神庙西	
五圣观	康熙三十年（1691 年）	内治关街	光绪十四年重修
五圣宫	康熙六年（1666 年）	福胜关街西北	
圣清宫	道光五年（1825 年）	城内石头市	同治十一年重修
三圣宫	万历三年（1575 年）	内治关城内东北	道光十七年重修
白衣庵	明嘉靖十八年（1539 年）	福胜关白衣寺东北	
中心庙		城内铜行南	道光年重修
碧霞宫	雍正三年（1725 年）	天佑关街娘娘庙	
药王庙		德胜关街西	乾隆五十五年重修
火神庙（1）	乾隆五十七年（1792 年）	德胜关街西	

续表

名称	初建年代	位置	备注
火神庙（2）	康熙三十年（1691 年）	福胜关交通银行东	
马神庙	康熙二年（1662 年）	天佑关普济寺西	
观音堂		怀远关柴草市	明嘉靖二十四年重修
财神庙	康熙三十一年（1692 年）	福胜关街东路北	
瑶池宫	清初	地载关外城河北岸	
三皇庙	康熙十六年（1676 年）	地载关街东	
天后宫	乾隆年	地载关三皇庙西	又名闽江会馆，另一座在怀远门外为山东会馆
吕祖堂	乾隆十四年（1749 年）	地载门内路北	
九圣祠（1）	同治元年（1862 年）	天佑关工夫市	
九圣祠（2）	明嘉靖十五年（1536 年）	地载关慈慧寺南	
五圣祠（1）	光绪年	地载关西	
五圣祠（2）	光绪九年（1883 年）	怀远关街北	
五圣祠（3）	清初	天佑关西板井	
十圣祠	同治年	地载关街西	
七圣祠	乾隆年	内治关元宝桥西	
老仙人洞	年代不详	城内文庙东南	道光二十九重修
山西庙	年代不详	外攘门外西北	为山西会馆
珠林寺	清初	内治门外	江浙会馆
关帝庙（4）	康熙年	城北二台子距城八里	据《奉天通志》记载，沈阳共有关帝庙三十三处，关于详细位置这里不做具体描述
双泉寺	明嘉靖五年（1526 年）	城北邱家沟，距城七十里	
望云寺	明万历年十年（1582 年）	城北仲官屯，距城三十五里	
向阳寺	清崇德二年（1637 年）	城北莲花池，距城四十里	
千佛寺	清崇德二年（1637 年）	城北蒲河，距城四十里	
舍利寺	清崇德年	城西塔湾，距城十里	
仙人洞	清顺治年	城北仲官屯，距城三十五里	
永宁寺	年代不详	城北大孤家子，距城七十里	
永安寺	年代不详	城北中窑，距城十五里	
太平寺		城北距城五里	
地藏寺	年代不详	城西南大挨金堡，距城四十五里	
保安寺		城西南李达堡，距城五十五里	
青云寺	年代不详	城东距城三十里	七开间
龙泉寺	年代不详	城东高坎，距城四十里	
中华寺		城东刘家堡，距城五十五里	

续表

名称	初建年代	位置	备注
安宁寺	年代不详	城东南	
大佛寺		城北郎家寺，距城四十里	
永宁寺	年代不详	城北八家子屯，距城六十八里	
九圣宫	清初	城北木匠屯，距城二十里	
三圣祠	年代不详	城北东场，距城二十五里	
玉皇庙	年代不详	城北郭三屯，距城二十五里	
九圣祠	年代不详	城北小辛屯，距城三十里	
药王庙		城北翠花屯，距城三十五里	
火神庙	年代不详	城北官工台，距城三十里	
七圣祠	年代不详	城西南大祝三堡，距城五十里	
碧霞宫		城西南大青堆，距城五十里	
三官庙	年代不详	城北大桥，距城四十里	

附录 2　沈阳地区现有寺庙统计表

所属教派	名称	初建年代	位置
汉传佛教	长安寺	唐代	沈河区朝阳街长安寺巷 6 号
	慈恩寺	后金天聪二年（1628 年）	沈河区大南街德胜门（大南门）外
	般若寺	康熙二十三年（1684 年）	沈河区大南街
	大佛寺	唐代	沈河区大南街
	大法寺	明永乐十三年（1415 年）	大东区边墙路 112 号
	溪水报恩寺	新建，原址不可考	于洪区三台子环北家园的公园南侧
	鹫崟寺	新建，原址不可考	于洪区高台村
	观音寺	新建，原址不可考	于洪区白山路北，加州花园对面
	普光明念佛堂	新建，原址不可考	于洪区沈阳市五十八中学东北方向
	大护国寺	原二台子关帝庙	沈阳市东陵区前进乡二台子村
	中华寺	唐代	沈阳市东陵区王滨乡中华寺村
	报恩寺	新建，原址不可考	沈阳东陵公园内
	朝阳寺	明正德年间（据碑文记载）	东陵区祝家乡北部朝阳山上
显宗佛教派系	向阳古寺	明代（1575 年）	东陵区棋盘山北麓的秀湖风景区内
	德恩寺	新建，原址不可考	东陵区金德胜村
	兴隆寺	新建，原址不可考	东陵区沈阳祥瑞购物广场附近
	华圣寺	新建，原址不可考	铁西区高花乡风景区内
	沈阳慈航寺	新建（2002 年），原址不可考	铁西彰驿镇朴垞生态村
	金刚禅寺	新建（2006 年），原址不可考	沈阳马刚乡马刚村龙首山
	广福寺	新建，原址不可考	苏家屯区广福路，藏军洞风景区
	法雨寺	新建，原址不可考	苏家屯区王纲堡乡胡扬线附近
	地藏寺	唐代贞观年间	沈阳苏家屯区大沟乡
	保安寺念佛堂	新建，原址不可考	新民市法哈牛镇法哈牛村
	尝思寺（新民）	新建，原址不可考	新民市胡台镇七公台村
	吉祥寺（关帝庙）	清顺治九年（1653 年）	法库镇
	法华寺	新建，原址不可考	法库二龙山上
	望海寺	新建，原址不可考	法库县周地沟新村
	回龙寺（舍利寺）	唐代	皇姑区塔湾街 45 巷 15 号
	法王寺	新建，原址不可考	新民市辽滨村
	三圣寺（三圣苑）	新建，原址不可考	新民市大柳屯镇长岗子村
	佛蕴禅苑（寺）	新建，原址不可考	新民市前当堡村

所属教派	名称	初建年代	位置
	卧龙禅寺	新建，原址不可考	新城子区清水台镇沈阳怪坡风景区
	兴国念佛堂	新建，原址不可考	于洪区大兴朝鲜族乡爱国村
	兴隆寺	明代洪武十一年（1378年）	辽中县
	永安寺	新建，原址不可考	辽中县孙家万村
	永吉古寺	新建，原址不可考	辽中县外环迎宾路浦安街东南侧
	弥陀寺与白塔	明代永乐四年（1406年）	沈阳浑南新区白塔公园内
	山门寺（三门寺）	新建，原址不可考	沈阳沈水湾公园内
	石佛寺（净居院）	辽咸雍10年（公元1074年）	辽河南岸，距沈阳大约三十公里
	关帝古刹护国寺（二台子关帝庙）	唐代	沈阳市东陵区前进乡二台子村
	苏家屯广福寺	新建，原址不可考	苏家屯区白清寨乡邓家沟村藏军山
	海印禅寺	新建，原址不可考	康平县北山路
藏传佛教	护国延寿寺和西塔	清初崇德八年（1643年）	沈阳市和平区市府大路82号
	护国广慈寺和南塔	清初崇德八年（1643年）	沈阳市沈河区南塔公园内
	护国法轮寺和北塔	清初崇德年间（1643年）	沈阳市皇姑区崇山东路路南
	实胜寺	清初崇德二年（1636年）	沈阳市和平区皇寺路
	太平寺	康熙四十六年始建（1707年）	沈阳市和平区皇寺路178巷2号
道教	蓬瀛宫	新建（1990年）	沈阳市南塔街附近
	太清宫	康熙二年（1663年）	沈阳市沈河区广宜街
	太庙	清崇德元年（1636年）	盛京城抚近门内
	中心庙	明代	沈阳故宫后墙外（明清古城正中心）
	忠义千秋庙	新建，原址不可考	沈阳故宫和中街之间大帅府内
	关帝庙（1）	新建，原址不可考	沈阳朝阳街少帅府巷8号
	关帝庙（2）	新建，原址不可考	沈阳棋盘山风景区关东影视城内
	龙王庙	康熙元年（1662年）	沈河区小西路清真南路23号
	后庙	新建，原址不可考	于洪区彰驿镇后庙村
	三清观	新建，原址不可考	辽中县杨士岗镇（潘乌公路）
	兴王庙	新建，原址不可考	沈阳蒲河国家湿地公园东北
	财宫	新建，原址不可考	法库县五台子乡罗泉沟村
	福安庙	新建，原址不可考	法库张福安村
清真教	南清真寺	新建，原址不可考	沈阳市沈河区奉天街
	苏家屯清真寺	新建，原址不可考	沈阳苏家屯区迎春街46号
	铁西清真寺	新建，原址不可考	重工北街63号
	皇姑区清真寺	新建，原址不可考	皇姑区半屏山路38号
	平罗清真寺	新建，原址不可考	于洪区蒲河大道与沈于路交汇处

附录3　名人吟咏沈阳地区寺庙的诗歌

忆保安寺

【清】常纪

饭后曾行百步工，逍遥塔院听松风。
古碑遗象摩挲遍，共依闲墙数落红。

塔湾落日

【清】孙旸

塔湾两岸柳青青，近作河梁送别亭。
我已还家十余载，梦中时听塔檐铃。

南塔柳荫下口占

【清】戴梓

花事都看尽，柳荫犹可怜。
轻烟蒸白塔，柔浪拍青天。
移后应多悴，攀余未许眠。
灵和旧风日，回头忆当年。

实胜斜晖

【清】陈梦雷

金碧庄严地，清阴映夕阳。
世皆传大乘，曾说是四方。
归鸟投林乐，羁人望远伤。
那堪骊唱后，风送梵音长。

南塔柳荫

【清】陈梦雷

何处轻荫好，城南十里南。
迎春枝袅袅，入夏影冥冥。
雅爱微风舞，偏宜细雨零。
不堪频折取，离恨满长亭。

留都北郊白塔

【清】陈梦雷

百尺浮屠接塞烟，曾闻古刹自唐传。
雕栏映月澄空界，宝铎随风韵远天。
历历亭台斜照外，苍苍陵阙暮云边。
沧桑几阅人世间，梵唱依稀似昔年。

宿向阳寺

【清】高塞

圣朝存象法，古寺复闻钟。
花引山门路，云开野殿松。
高斋谈静理，远屿淡秋容。
日暮还携杖，月明林外峰。

游万国寺

【清】敦敏

长河遥接柳横斜，衬屐芊绵碧草赊。
曲水小山流石髓，微风古殿落松花。
数声清磬生灵籁，一片闲心对晚霞。
老衲却怜游客倦，寒泉活火煮新茶。

慈恩寺

【清】双庆

肩舆欲倦老僧迎，不厌亭前蜡屐轻。
几度客来如有约，及时花发倍关情。
禅声冷带西风咽，山翠遥连夕照明。
徒倚未教秋兴减，吟成坐听梵钟清。

黄寺钟声

【清】缪润绂

五更起钟楼，鲸吼霄沉沉。
城市日渐高，何来风中音。
梵宇号实胜，静向西关寻。
希声度高树，殿阁凌绿荫。
岂须逢空山，洗我名利心。

道院秋风

【清】瑞卿

幽闲隆盛太清宫，修真养性亦蓬瀛。
孚佑帝君曾降笔，松青竹翠古仙风。

四塔凌云

【清】梦石瘦人

出郭沿溪路衍迤，四围塔影占长陂。
谁为柱石才中立，剩有文峰笔几枝。
悬日捧宜霄汉上，当天圆不午阴移。
斜阳撑入溪山里，碨礧层层两脚垂。

参 考 文 献

【专著书籍】

[1]（清）吕耀曾等修，魏枢等纂，王河等增修．（乾隆）盛京通志 19 卷［M］．1736.

[2]（清）励宗万辑．盛京景物辑要第十二卷［M］．1754.

[3] 王树楠等纂．奉天通志［M］．东北文史丛书编辑委员会，1983.

[4] 刘振超．盛京胜景［M］．沈阳：沈阳出版社，2008.

[5] 马魁．盛京杂八地儿［M］．沈阳：沈阳出版社，2004.

[6] 裴艳．盛京民俗风情［M］．沈阳：沈阳出版社，2004.

[7] 张志强．盛京古城风貌［M］．沈阳：沈阳出版社，2004.

[8] 姜念思．盛京史迹寻踪［M］．沈阳：沈阳出版社，2004.

[9] 刘长民．盛京寺观庙堂［M］．沈阳：辽宁民族出版社，2004.

[10] 佟悦．清代盛京城［M］．沈阳：辽宁民族出版社，2009.

[11] 张毓茂．沈阳史话［M］．沈阳：辽宁民族出版社，2008.

[12] 辽宁省图书馆．盛京风物——辽宁省图书馆藏清代历史图片集［M］．北京：中国人民大学出版社，2007.

[13] 腾云．沈阳古典园林［M］．沈阳：白山出版社，2008.

[14] 孙大章．中国古代建筑史（第五卷）［M］．北京：中国建筑工业出版社，2002.

[15] 胡悦．道教宫观文化概论［M］．成都：巴蜀书社，2008.

[16] 王孺童．佛学纲目［M］．桂林：漓江出版社，2012.

[17] 季羡林．季羡林论佛教［M］．北京：华艺出版社，2006.

[18] 朱越利．中国道教宫观文化［M］．北京：宗教文化出版社，1996.

[19] 沈阳市人民政府地方志编纂办公室．沈阳市志第十六卷 社区·人民生活·民政·少数民族·宗教·风俗·方言［M］．沈阳：沈阳出版社，1994.

[20] 中国人民政治协商会议沈阳市沈河区委员会文史资料研究委员会．沈河文史资料第 3 辑寺庙专辑［M］．1992.

[21] 黑格尔．美学第三卷上册［M］．北京：商务印书馆，2015.

[22] 彭一刚．中国古典园林分析［M］．北京：中国建筑工业出版社，1986.

[23] 彭一刚．建筑空间组合论［M］．北京：中国建筑工业出版社，1998.

[24] 周维权．中国古典园林史［M］．北京：清华大学出版社，1990.

[25] 张健．中外造园史［M］．武汉：华中科技大学出版社，2009.

［26］赵光辉．中国寺庙的园林环境［M］．北京：北京旅游出版社，2009．

［27］周维权．园林·风景·建筑［M］．天津：百花文艺出版社，2006．

［28］王其亨．风水理论研究［M］．天津：天津大学出版社，1992．

［29］陈有民．园林树木学［M］．北京：中国林业出版社，1990．

［30］朱钧珍．中国园林植物景观艺术［M］．北京：中国建筑工业出版社，2003．

［31］毛培林．园林铺地设计［M］．北京：中国林业出版社，2003．

［32］蒙培元．人与自然——中国哲学生态观［M］．北京：人民出版社，2004．

［33］刘天华．画境文心：中国古典园林之美［M］．北京：生活·读书·新知三联书店，2005．

［34］李养正．道教概说［M］．北京：中华书局，1989．

［35］曹林娣．中国园林文化［M］．北京：中国建筑工业出版社，2005．

［36］计成，陈植译．园冶注释［M］．北京：中国建筑工业出版社，1981．

［37］弘学．藏传佛教［M］．成都：四川人民出版社，2006．

［38］成卫东．中国藏传佛教寺庙［M］．北京：外文出版社，2005．

［39］王建学．辽宁寺庙塔窟［M］．沈阳：辽宁美术出版社，2002．

【期刊文献】

［40］阎秋红．萨满与东北民间文化［J］．满族研究，2004，2．

［41］刘媛．浅谈中国寺庙园林［J］．井冈山学院学报，2006，12．

［42］李传斌．浅说道观园林［J］．中国道教，1993，01．

［43］赵鸣，张洁．试论传统思想对我国寺庙园林布局的影响［J］．中国园林，2004
（09）：63-64．

［44］赵光辉．寺庙园林环境的构景［J］．城市规划，1985，05．

［45］欧雷．浅析传统院落空间［J］．四川建筑科学研究，2005，05．

［46］王国义，李琳．清代沈阳城市格局的特色研究［J］．沈阳建筑大学学报，2007：1-4．

［47］王媛，路秉杰．中国古代佛教建筑的场所特征［J］．华中建筑，2000：131-133．

［48］贾尚宏．中国庭院的时空意识与构成特征［J］．安徽建筑工业学院学报（自然科学
版），2004，02．

［49］欧雷．浅析传统院落空间［J］．四川建筑科学研究，2005，05．

［50］贺赞，彭重华，吴毅．中国佛教寺庙园林生态文化特征及现实意义［J］．广东园林，
2007，29（06）．

［51］金荷仙，华海镜．寺庙园林植物造景特色［J］．中国园林，2004．

［52］陆琦．禅宗思想与文人园林［J］．古建园林技术，2000．

［53］王志芳，孙鹏．遗产廊道：一种较新的遗产保护方法［J］．中国园林，2001（5）．

［54］韦克威．道家美学思想对中国古代建筑的影响［J］．建筑师，1995（8）：62-65．

［55］张勃．汉传佛教建筑礼拜空间源流概述［J］．北方工业大学学报，2003（4）．

［56］欧雷．浅析传统院落空间［J］．四川建筑科学研究，2005，05．

［57］朱均珍．中国园林植物景观风格的形成［J］．中国园林，2003．

［58］王茂生．清代藏传佛教对沈阳城市发展的影响［J］．华中建筑，2010，02：151-154．

［59］刘仲宇．宫观和道教文化的发展［J］．中国道教，2000，03．

［60］王茂生．清代藏传佛教对沈阳城市发展的影响［J］．华中建筑，2010．

［61］黄春华，李静．中国中古时代佛教建筑空间探析［J］．华中建筑，2010：182-184．

［62］Michael J. Walsh. Efficacious Surroundings：Temple Space and Buddhist Well-being ［J］．J Religious Health，2007，46：471-479．

【学位论文】

［63］刘杨．近代东北寺庙景观与东北民间文化［D］．长春：吉林大学，2007．

［64］王茂生．清代沈阳城市发展与空间形态研究［D］．广州：华南理工大学，2010．

［65］刘杨．近代辽宁地域社会视野下的庙宇文化研究［D］．长春：吉林大学，2011．

［66］张朝阳．当代我国汉传佛寺庭院景观设计研究［D］．大连：大连工业大学，2012．

［67］胡锐．道教宫观文化研究［D］．成都：四川大学，2003．

［68］马佳．清代北京藏传佛教寺院研究［D］．兰州：西北民族大学，2006．

［69］苑坤．试论神仙文化与中国古典园林艺术［D］．厦门：厦门大学，2009．

［70］王欣．传统园林种植设计理论研究［D］．北京：北京林业大学，2005．

［71］苏靖．中国道教园林精神空间的构成研究［D］．南京：南京林业大学，2008．

［72］丁兆光．传统风水思想对中国佛寺园林的影响［D］．上海：上海交通大学，2007．

［73］管欣．中国佛教寺庙园林意境塑造手法研究［D］．合肥：合肥工业大学，2006．

［74］李雄．园林植物景观的空间意象与结构解析研究［D］．北京：北京林业大学，2006．

［75］邹卫．浅论都市佛教旅游［D］．成都：四川大学，2007．

［76］钟惠城．禅宗园林初探［D］．北京：北京林业大学，2007．

［77］李玲．中国汉传佛教山地寺庙的环境研究［D］．北京：北京林业大学，2012．

［78］李欣韵．成都代表性道教宫观环境研究初探［D］．北京：北京林业大学，2014．

［79］魏彩霞．杭州市寺观园林研究［D］．杭州：浙江农林大学，2012．

［80］杨钊．北京地区寺庙园林植物景观研究［D］．哈尔滨：东北林业大学，2011．

［81］丁兆光．传统风水思想对中国佛寺园林的影响［D］．上海：上海交通大学，2007．

［82］施侠．南京佛寺园林历史文化内涵及环境特征研究［D］．南京：南京林业大学，2007．

［83］续昕．宫观建筑环境设计中道教美学思想的运用［D］．成都：四川大学，2003．